在一平方米空间内打造我的室内花园

[韩] 吴河娜 著

吴玉 译

U0259826

中国轻工业出版社

第一次接触园艺

"我们家空间很小，无法栽培植物。"

"我们家光照条件不好，无法栽培植物。"

"我养的植物每次都很快就枯萎了，然后就会被我丢掉。"

"如何才能更好地栽培植物？"许多人都会在博客上向我提出各种各样的问题。他们中的大多数都喜欢植物，但是又都有各种原因导致自己无法胜任这项工作，同时又很羡慕能够很好地照顾植物的人。其实，只要花一点心思，无论是在狭小的空间中，还是在光照不足的条件下，都可以栽培植物。在空间狭小但阳光充足的地方，可以在小花盆中养多肉植物；如果阳光不足，可以养一些在阴凉处也能生长的观叶植物。如果发现自己养的植物经常枯萎，那么一定是因为没有掌握栽培植物时需要注意的几个关键点。现在你无须担心，所有的问题都会从这本书中找到答案。这本书将教会大家如何合理利用空间，掌握了书中所介绍的适合在不同空间栽种的植物及栽种方法，即使是遇到书中未介绍的植物也能轻松应对。另外，书中还介绍了部分可循环再利用的工具，教会大家如何在不用花费太多金钱的前提下栽培植物。

其实，当我搬到一个只有上午能够晒到太阳的阳台朝东的公寓后，也曾为这些喜欢阳光的香草和蔬菜该如何栽培而烦恼。有关的书籍和杂志也会这样写道"在朝东阳台的阳光下，植物很难存活"。虽然初春、秋天、冬天的光照时间都很短，但是晚春到夏天的这段时间，上午的光照时间可达4～5小时，只要在植物的放置空间上花点心思，无论什么植物都可以成活。我将喜阳的植物放在窗户旁，且保持窗户一直为打开状态；隔板后面的少阳光地带，放了一些在阴凉处也能生长的植物。在植物播种期间，为了弥补光照不足，我会打开台灯、植物补光灯给它们补充光照。目前，在我朝东的阳台里，无论是观叶植物、各种花草，还是喜欢阳光的蔬菜和香草都可以正常生长。换句话说，所有的植物几乎都可以在我的阳台里成活。有些人看到我博客中有关栽培植物的日志后，都会误以为它们的生长环境良好，且认为我有大量的时间去悉心照顾它们。虽然在家专注写作不去公司上班的人有很多，但我不是。事实是，我每天出门之前，都需要花费很多精力去照料它们。

之前我有一边写作、一边上班的经历，我认为这并不是一件很难的事情。在开始写作的时候，我发现将有限的时间拆开，一边拍照一边写作真的不容易。可能是因为结婚后需要操心的事情越来越多，家离公司的距离也越来越远。有时我也在苦恼，要不要辞职或者不再写作了。但是有一种信念告诉我：一定要坚持写完这本书。当然，如果靠我一个人是不可能完成的，多亏了一直在身边支持我的丈夫（布鲁瓦特）以及我们俩的父母，还有通过博客结识的和我志同道合的朋友们。

爱人的陪伴给了我温暖，但是独自在首尔生活的期间，百种滋味只能自己体会。那段时间，能够排解压抑情绪的方式就是栽培植物。如果你和当时的我一样孤身在异地，希望你也可以像我一样。如果你有兴趣想要栽培植物，但又没有信心栽培好，希望这本书可以让你体验到栽培植物的乐趣。

目　录

第四部分

在客厅、
办公室栽培的植物

第五部分

在阳台和窗边栽培
可食用的植物

第六部分
在阳台和窗边栽培
观赏用的植物

第一部分

栽培植物的基本知识

植物入门。
栽培植物的前期准备。
装饰品和其他用品。
栽培植物的八大技巧。

01 植物入门

植物种类特征

　　植物种类繁多，如果想要记住每种植物的生长规律，恐怕会觉得很难，但是如果按照相似类别进行区分会更容易。相似的种类，如果原产地的气候相似，那它们的生长规律也会大致相同，只要记住它们的特征，管理会更加容易。当然，即使是相似的种类，不同植物之间也会有差异。观叶植物中，有很多"天南星科"的植物习性相似，因为它们都属同一"科"，所以了解植物的基本信息也会有帮助。另外，像大家所熟悉的"旱金莲"，它既属于香草，也属于花草，像这种多属性的植物也有很多。这本书主要围绕大家所熟悉的种类逐一进行介绍。

小巧玲珑的多肉植物

　　如果你的家中能用来栽培植物的空间很小，经常会忘记给植物浇水，那么我推荐你养多肉植物，它一个月只需要浇一次水，且占地面积不大，在小花盆中就可以生长。多肉植物圆鼓鼓的叶子可以存储水分，以便在不下雨的干燥环境下也能成活。仙人掌属于多肉植物，它不仅可以防辐射，还能吸收二氧化碳、释放氧气，起到净化空气的作用，因此可以将它放在书房、卧室、儿童房等。如果你栽培的是喜欢阳光的多肉植物，那么将它一直放在阴凉的室内，恐怕无法成活。所以建议大家在白天的时候，将它放在阳台、窗边或户外，晚上的时候再搬回室内。如果想要在室内少阳光的空间养多肉植物，推荐大家栽培在阴凉处也能生长的蟹爪兰、虎尾兰等。

叶子华丽的名品观叶植物

　　如果想要在光照不强的室内养植物，我建议大家选择观叶植物。它能够在阴凉处生长，是一种"耐阴性"非常强的品种。根据花盆的大小，大的花盆可以放在客厅，小的花盆可以放在桌子和隔板上，还能作为装饰物。

　　观叶植物的花虽然并不好看，但是它的叶子很华丽，适合观赏。因此，如果想要装饰室内空间，相比那些花比较容易凋谢的植物，选择观叶植物会更加合适。观叶植物不仅能够吸附有毒物质、粉尘，净化空气，还能够起到加湿空气的作用。如果你是第一次栽培植物，我

多肉植物　　　　　　　　　　　香草　　　　　　　　　　　观叶植物

推荐你选择观叶植物。观叶植物大部分生长于热带雨林区，它们喜欢高温、高湿环境。因此，当空气干燥时，需要在叶子周围喷些雾气，尤其是在寒冷干燥的冬天，需要格外注意。

散发有利于身心健康香气的香草

我最喜欢的植物就是"香草"。它可以作为做意大利菜时的常用食材；还能做成香草茶饮用，对身体有一定的调理作用。香草叶子散发出来的香气还有刺激中枢神经系统的功效，这也是它的魅力所在。目前市场上单独售卖的香草叶比较贵，如果自己栽种，它的迅速繁殖能力可以让我们收获很多香草叶，不需要每年去购买新的秧苗，这也为我们节省了不少开支。

需要注意的是，大部分香草的原产地是阳光充足、通风条件好的地中海地区，所以如果在室内栽种就会有一定难度。因此，我通常将它放在阳台、窗边或户外空间，并且保持窗户常开，维持通风的状态。薄荷、迷迭香、薰衣草等香草比较容易购买，但是一些不常见的香草需要在网上或专门的农贸市场进行购买。

能开出各种漂亮花朵的花草

当春天来临的时候，比起其他植物，能够开出漂亮花朵的植物最受欢迎。虽然大部分的花草都需要在阳光充足的阳台、户外空间进行栽培，但是看到这些漂亮的花，就仿佛春天已经提前来到了自己的家。

部分花草的花可以食用；如果是香味很浓的花草，可以作为芳香剂。花草大致可以分为一年生花草、多年生花草、球根花草三大类。如果你只想单纯地欣赏花草，没有精力及时间去打理它们，可以选择栽培"一年生花草"。如果你想要一直栽培并看到它开花，可以选择"多年生花草"。如果空间不足，但是又想每年都能栽种一次，可以选择球根花草。球根成

花草　　　　　　　蔬菜　　　　　　　　　　　　食虫植物

熟之后将它从土中挖出来，等到春天或秋天的时候再将它种进去。花草的原产地有很多，有些怕热，有些怕冷，所以提前了解花草的生长习性非常重要。

拥有满满收获喜悦感的蔬菜

对于家庭主妇来说，蔬菜可能是她们通常会选择的栽培种类。蔬菜需要放在阳光充足的阳台、窗边或户外空间，它们生长速度很慢，但是比起市售蔬菜，自己栽种的蔬菜更加鲜嫩，尤其适合做成沙拉。如果你想要在购买蔬菜上节省一些开支，或者是对料理非常感兴趣，或者是想长期食用有机蔬菜，我推荐你种植蔬菜。种植蔬菜时，最需要注意的地方就是防止发生病虫害。如果是在夏天种植，请提前在庭院里洒一些天然杀虫剂。我建议大家在秋季开始种植，这个时期天气渐渐变冷，病虫害也会逐渐减少。

能捕虫的食虫植物

毛毡苔、猪笼草、堇菜等食虫植物既不能作为装饰，也不可食用。但是它能够驱逐飞虫，并且能在恶劣环境中生长，因此受到很多人的欢迎。食虫植物的独特之处不仅如此，其他植物一般在土壤干涸后需要浇水，但是食虫植物的原生长地大多为潮湿且恶劣的沼泽或湿地，所以它需要被栽培在泥煤苔中，且要一直保持湿润状态。另外，喜欢阳光的食虫植物也有很多，如果将它们放在阳光下，泥煤苔的土很快就会干涸，需要在花盆托盘上持续浇水，或者大家也可以在花盆下面安装可持续供水的"底面灌水"装置。

★ 美国国家航空航天局评选出的具有净化空气功效的植物排名（前 50）

1. 黄椰子
2. 观音棕竹
3. 竹茎椰子
4. 印度橡胶树
5. 罗比亲王海枣
6. 洋常春藤
7. 凤凰椰子
8. 垂榕
9. 波士顿肾蕨
10. 白鹤芋
11. 龙血树
12. 绿萝
13. 肾蕨
14. 小雏菊
15. 非洲菊
16. 银线龙血树
17. 千年木

18. 红苞喜林芋
19. 慈姑蔓草
20. 万年青
21. 袖珍椰
22. 垂叶榕
23. 香港椰子
24. 秋海棠
25. 裂叶喜林芋
26. 心叶喜林芋
27. 虎尾兰
28. 绿巨人
29. 象耳蕨
30. 南洋杉
31. 翡翠宝石
32. 竹芋
33. 东方焦
34. 蟹爪兰

35. 栎叶粉藤
36. 麦门冬
37. 西洋兰（石斛兰）
38. 银边吊兰
39. 粗肋草
40. 花烛
41. 巴豆
42. 一品红
43. 映山红
44. 孔雀竹芋
45. 芦荟
46. 仙客来
47. 凤梨
48. 郁金香
49. 兰花
50. 圣诞伽蓝菜

植物茎叶特征

植物的茎叶各种各样，它们的生长方式也各不相同。

直立型

直立型植物指茎叶挺拔地向上生长的植物。大多数植物都直立型生长，例如印度橡胶树、威尔玛等。直立型植物的树枝管理方法很重要，会直接影响到树形，所以需要根据直立型植物的大小选择种植环境。如果是大花盆，需要放在客厅或阳台的一角；如果是小花盆，可以直接放在桌子上。栽种时需将它们放在花盆靠后的地方。

藤蔓型

藤蔓型植物指茎叶生长时（洋常春藤、球兰、偃松等）需要靠支架支撑向上生长的植物。当它们的茎叶越来越长的时候，可将其悬挂在高处；也可以将它们放在桌子上，让茎叶自然下垂。藤蔓型植物会沿着墙壁攀岩生长，如果将它放在有挂钩的隔板上，长出来的茎叶正好爬向墙壁，可起到装饰的作用。栽种藤蔓植物时，宜靠近花盆的前面或两侧栽种。

匍匐型

匍匐型植物指植物茎叶长长的时候（塔拉、网纹草等植物），不是向上，而是不断向地面横向生长的植物。它们像草坪一样布满整个地面，所以最好用大花盆进行栽培。当它的茎叶布满整个花盆时，会向外生长，和藤蔓植物相似。此外，栽种这类植物的空间并不需要很大，使用隔板就很适合。隔板是分层结构，且层与层之间的距离很窄，虽然不适合较长的植物生长，但是非常适合放置这种匍匐型植物。如果想要将匍匐型植物与其他种类合种，可以让它靠近花盆前面，还能起到隔离土壤的作用。

选择适合植物生长的空间

　　我们所熟悉的阳台并不总是阳光最好的地方。阳台的方向不同以及季节的变换都会影响阳光照射的时间和强度。因此，为了合理、有效地利用空间，在阳光充足的地方放置一些喜光的香草、蔬菜、多肉植物等；在稍微阴暗的地方，放置一些即使不需要阳光也能生长的观叶植物。室内空间也是如此，在阳光不太充足的地方，放置一些在阴凉处也能生长的植物。

★
一天都能照射到阳光的地方称之为"阳面"；在某一个时间段可以照射到阳光，或者光照不强的地方称之为"半阳面"；阳光不直接照射的地方称之为"半阴面"。植物喜欢阳面、半阳面和半阴面，但是它们不会喜欢没有窗户且黑暗的阴面。在阴凉处栽培的植物，不要经常浇水，将日光灯、台灯、LED灯等照明设备保持常开状态就可以了，这有助于它们生长。

厨房、卫生间、玄关

　　这些空间是最潮湿且最阴暗的。如果打开卫生间和厨房的窗户，白天就会有一点阳光照进来。虽然这些地方不是植物生长的最佳空间，但是也可选择一些喜阴凉的耐阴性植物，或者喜欢潮湿的植物。如果这些植物正好能够吸收厨房做饭时天然气燃烧所产生的二氧化碳并能净化空气、祛除异味，那就再好不过了。我经常在厨房的桌子上放一些无土栽培植物、蔬菜种子、观叶植物。在厨房窗户旁，我通常会放一些蔬菜幼苗，这样等它们成熟的时候就可直接作为食材食用。

卧室、学习室、书房

　　根据窗户的有无及大小，这些地方通常都是少阳光或阴凉的空间。如果没有窗户，就成了不适合植物生长的阴面。由于这些地方并不宽敞，通常需要选择能够放在床头柜、书桌上等体积较小的植物。根据需求不同，可以选择在半阴处能够生长且具有净化空气、加湿功效的观叶植物；也可以选择能够吸收辐射且在晚上能释放氧气的多肉植物。但是，大部分的多肉植物非常喜欢阳光。如果想要放在卧室、学习室、书房等地方，需要选择仙人掌、虎尾兰等耐阴的多肉植物，或者白天将它放在阳光充足的地方，晚上再搬回来。

客厅、办公室

　　客厅和办公室的空间很大，在其中一角放置一些大花盆栽种的观叶植物，不仅能够起到装饰的作用，还具有净化空气、使空气湿润的功效。在隔板或桌子上面放一些小花盆，也能让人心情愉快。其实，如果这些植物能够吸附新家的甲醛就更好了。一般情况下，客厅和阳台的通道之间会有一个大玻璃门，相比阳台，能照进客厅的阳光有限。随着季节的变换，客厅也会出现半阴面和阴面的情况。不同的办公室窗户的大小不一，但是照明设备会一直打开，相比那些阳光不足的空间，办公室会更有利于植物生长。

屋顶、户外花坛、露天阳台

　　屋顶、户外（陆地）、露天阳台、阳台栏杆等空间的光照条件优越，这些场地可被阳光直接照射，适合栽培喜欢阳光的植物并能促进植物茁壮成长。但是，户外空间也有不足之处。随着气候和温度的变化，生长在户外的植物会受到梅雨、酷暑、台风等灾害的影响。为了减少这种恶劣环境的影响，天气不好时，需将植物搬回阳台。炎热的夏天还需要给它们罩一层遮阳棚。另外，相比室内环境，室外生长的植物病虫害会更严重，所以需要提前喷一些环保杀虫剂。部分喜阳的观叶植物在长时间强光直射下，叶子也会渐渐枯萎，所以最好将它们放在阴凉处。

阳台、窗边

　　阳台和窗边是室内环境中阳光最充足的地方。这里可以栽培很多植物，尤其是喜欢阳光的植物。但是，窗户的方向和季节的变化会影响阳光照射的强度，所以才有阳面、半阳面、半阴面的区别。我们一定要注意不同季节阳光照射的时间和强度，合理利用阳台。像家中的花盆架、隔板等都可以用于栽培植物，并且尽量将植物放在高处，有利于它们接收更多的阳光。

★ 活用隔板小窍门

1. 木头鞋柜

这是一个可以用来整理鞋子的木头鞋柜，价格便宜，很多人将它来摆放植物。我现在使用的木头鞋柜有一个较长的两层隔板，当然还有带三层隔板的鞋柜。大家可以根据自己的喜好选择隔板层数和颜色，在网上购买也是一种便捷的途径。

2. 宜家隔板架

如果大家想在有限的空间里栽培更多的植物，可以选择多层隔板架，它不仅能起到收纳的作用，还能最大化利用空间。如果大家直接将花盆放在地上，它的影子会影响其他植物接受光照，但是如果放在隔板架的高处，就不会影响其他植物。若隔板架层与层的间隔大，就不会影响花盆的放置。也可以选择4～5层金属隔板架。

3. 金属铁皮柜和可悬挂隔板

如果你们的阳台是一个很容易滋生霉菌的地方，就不要选择木头隔板。可以购买"金属铁皮柜"，里面也可以放置一些园艺用品。为了有效地利用铁皮柜空间，将它的门取下悬挂在柜子中间当作隔板，就能放置更多的花盆了。

4. 宜家桌子和小板凳

为了能够在阳台边享受阳光边品尝咖啡和茶，我买了一个桌子和凳子。大小正适合阳台空间，价格也便宜。但是，栽种的植物变多之后，桌子和小凳就作为放置花盆的空间了。

5. 天花板晾衣架

在狭小的阳台里，如果再放一个晾衣架，就更没有空间了，其实天花板的晾衣架也可以用于栽培植物。它不仅仅能够晾衣服，还可以摆放比较轻的可悬挂花盆。

★ 根据阳台和窗户的位置选择植物

    我看过几本关于园艺的书籍和杂志，也在网上搜索过相关信息，大部分内容都指出"朝南""朝东南"的方向是最有利于植物生长的。这句话其实是片面的。通常情况下，相比朝东和朝西，正南方和东南方是光照时间和强度最好的。但这是根据一年的光照时间和强度来统计的，事实上季节的变换会影响光照强度。此外，窗户外面会有建筑物、大树、屋檐等，如果是低楼层，当外部建筑物倒影出现的时候，即使是朝南向，也会影响植物采光。关于阳台，既有光照很强的地方，也有光照不强的地方，这就需要我们合理安排植物栽培空间。

正南方向

朝向为正南方向的房屋即使在冬天一整天也都可以洒满阳光，让人觉得很温暖；到了夏天由于太阳高度角较低，窗下的位置照不到太阳所以会让人觉得很凉爽。因此，它对不适合在炎热环境生长的植物非常有利，但是也会让植物在夏天的时候接收不到充足的阳光。秋季至初春则是朝南向房间阳光最充足的时间。

大家尽量选择在秋天进行播种，如果想要在春天种花草或蔬菜，那么最好选择2～3月份。如果栽培的是喜欢阳光的香草和野花，最好将它们放在阳台栏杆上，或者是放在窗户旁边，并保持窗户常开。

东南向和西南向

相比正南方向，东南向和西南向的房间所接受的光照强度较弱，但是比朝东和朝西要好。如果是偏向东方和西方的东南向和西南向，那么它在夏天的时候光照会越来越强，但是到了秋天，光照时间渐渐减少，所以最好的播种时期是春天。如果非要在秋天开始种香草、蔬菜等，最好在夏末的时候尽快完成播种。当新芽长出来的时候，将台灯、植物补光灯、LED灯等光照设备打开对着植物，这对它们的生长会有帮助。东南向和西南向的阳台非常适合种植野花、香草等，它们会在夏天迅速繁殖，在冬天休眠。

相反，如果是偏向南方的东南向和西南向，那么它在秋天的时候光照强度会渐渐加强，所以在秋季适合种植蔬菜和花草。而正南方，秋天到冬天的阳光会渐渐减弱，夏天的光照时间会逐渐增加，需要根据四季情况合理安排植物种植。

朝东和朝西

朝东向的房间只有上午能晒到太阳，朝西向的房间只有下午能晒到太阳，这就是我们所说的"半阳面"。可以选择栽种在半阳面或半阴面也能生长的植物。朝东和朝西的房间夏天所接受到的光照强度比秋天和冬天要强，所以选择栽种喜欢夏天阳光的植物会更合适。但是冬天的时候阳光会不足，所以要花点精力保证它们安全度过冬季。

如果非要栽培蔬菜、香草、花草等植物，最好在春天播种；即使是想在秋天播种，选择光照时间较长的夏末会更好。

打开窗户，将植物放在窗户边上，它们能够更好地接受光照。播种的时候如果能再增加一些照明设备，也能让它们茁壮成长。

02 栽培植物的前期准备

购买种子和园艺用品

花店

花店是最常见的出售种子的地方，几乎每条街上都会有这样的花店。如果你突然想要买种子，可直接在花店购买。在花店，不仅可以亲自确认花或种子的状态，还能买现成的鲜花。但是花店的规模不一样，销售的东西也会有差异。一般情况下，平常的花店很难买到各种各样的种子和园艺用品，如果花店刚好有你需要的空花盆、土壤等必需品，那么就没有必要去很远的地方。有些花店出售漂亮的花盆，且提供倒盆（当土质营养不充分或原土用时已久需要更换时，将植株与盆土一同倒出盆外）服务，非常方便。最近出现了很多类似于咖啡店氛围的花店，大家可以一边喝茶，一边观赏各种花草，甚至会思考自己是否也可以买一些漂亮的种子栽种。

花卉市场

我经常在花卉市场购买种子。这里的种子各式各样，价格也比较便宜，也能够亲自确认种子状态。另外，花卉市场里也有售卖种植材料的商家，所以很多人也会选择在这里一起购买。

种苗商店

如果你对蔬菜类植物比较感兴趣，可以去种苗商店逛一逛。虽然也可以在花卉市场购买蔬菜种子，但是在种苗商店不仅可以买到蔬菜种子、园艺材料、农药、肥料等，还可以买到各种工具。很多种苗商店已经开设了网店，即使不去店里也能轻松在网上买到。

大型仓储卖场

很多大型仓储卖场都设有专门销售种子、园艺材料等的货架。相比花卉市场和种苗商店，这里的商品种类并不丰富，但是可以买到栽培必需的园艺工具，对第一次栽培植物的人很有帮助。我曾在类似的卖场买过比较便宜的郁金香球根，其实我没有想过大型仓储卖场也会销售球根植物，这让我很惊喜。

网购

我常常在网上买各种各样的种子和土壤。尤其是当我需要30L、50L等大量土壤的时候，通过网购送到家比亲自去市场买更方便。观叶植物、花草等常见的植物种子、土壤、园艺材料等都可以在网上购买。

大型商店

在网上购买园艺材料、种子的时候，配送费通常比商品要贵，但是如果增加购买商品的总金额达到免配送费的标准，就可以节省配送费。大型商店里有专门的园艺角，可以买到常用的工具及种子，比如各种香草、花草的种子，也有少量的秧苗、播种工具等。所以，它非常适合栽培少量植物的人群。

★ 大型商店里的宝物

种子

这里有各种各样的香草、蔬菜、花草的种子，价格便宜，适合栽种的初学者。

小花园包

将要栽种的种子打包并放在这个装有土的小拉链包内，这是特意为第一次栽培植物的顾客准备的小花园包。

木头支架

一款带有轮子的木头支架。将它垫在花盆下面，不仅可以防止尘土掉落，还能起到装饰作用。

木头桌子、木头托盘

各种大小的木头桌子和木头托盘，都可以作为花盆支架。但是如果不进行清漆处理，遇水时对木头的损伤非常大，所以最好涂上清漆。当然也可以再选择你喜欢的颜色进行喷涂。

小椅子

这是一款装饰用迷你椅子。无论是玩偶还是小花盆，都可以放在上面。

花盆

花盆的种类有很多，其中竹制花盆最受欢迎，它不仅漂亮且价格低廉，经常卖到断货。除此之外，还有陶瓷花盆、塑料花盆，以及塑料花盆支架。

四角布袋

这是一个可以防止漏水的布袋子。不但可以作为装饰用，也可当作花盆的托盘。既能装饰在不漂亮的花盆外部，也可直接放在地上当作花盆使用。

铁皮桶

使用锥子、钉子等工具在底端凿一个孔，然后把植物种在里面，就能呈现出一种复古的感觉。或者将晒干的花、松果等放在里面，可以起到装饰作用。

黑板插牌

可以用粉笔在黑板插牌上写上植物的名字，然后插在花盆里。

准备工具

栽培植物需要最基本的园艺工具，大家可以采购一些常用的工具。

剪刀

在修剪植物的根部、枯萎的叶子和花的时候会用到剪刀。剪刀长时间使用后会生锈，所以购买一般的剪刀即可。

铁锹

将土埋在花盆中或铲出花盆里的土时会用到铁锹。

地网

地网可防止花盆里的土从花盆底面流出，如果能在地网上覆盖一层小石子就更好了。

喷雾器、洒水壶

用喷雾器在叶子附近喷一些水可以增加空气湿度，还可以喷在土壤较少的育苗托盘上，补给水分。在给土壤浇水的工具中，有些壶嘴有很多小孔，能够将水喷向各个方向；有些只有一个孔，只能喷一个方向，大家可以根据自己的喜好进行选择。

电子温度计

当温度太高的时候，就需要将植物移至阴凉处；当温度太低的时候，需要将它们搬到暖和的地方。此时，温度的判定就需要用到电子温度计。有些温度计还能同时显示湿度和时间。

手套

戴上手套换盆的时候就能防止土粘在手上。

花盆

花盆是栽培植物时的必需品。花盆的材质多种多样，有土盆（陶塑花盆、陶器花盆）、陶瓷花盆、大理石花盆、塑料花盆、木头花盆、水泥花盆等。其中土盆通风条件好，水蒸发速度较快，是最适合用来栽培植物的。塑料花盆比较轻便且价格便宜，在需要换一个大花盆的时候非常有用。

计量勺、小瓶子、计量杯

这些工具可用于精准计量需要稀释的液体肥料、杀虫剂。

锥子

当我们将塑料桶、塑料袋、立体式的拉链包等作为花盆的时候，就需要用锥子在它们的底戳一个洞。

可回收物品再利用

即使价格不贵，但是购买一个又一个园艺工具确实需要花费很多的钱。我们可以将一些不需要的物品再次利用。

辣椒酱盒子、拌饭酱盒子

用锥子将辣椒酱盒子、拌饭酱盒子底部戳几个孔，就可以当作花盆使用，非常适合种植多肉植物和体积较小的观叶植物。

易拉罐

在饮料瓶、奶粉罐、饼干罐等底部用钉子戳几个孔后就可以当作花盆使用。如果你担心生锈，可以在表面涂一层清漆。非常适合用来种植不需要经常浇水的多肉植物。

塑料袋、拉链包、米袋、土袋

用锥子将它们的底部戳几个孔就能当作花盆使用。如果想要让它立在地面上，可以选择立体的塑料袋或拉链包等。如果是种植需要很多土的植物，最好选择米袋或土袋。

鞋

将雨靴、运动鞋、橡胶鞋的鞋底戳几个孔后，就能当作花盆使用了。

一次性塑料桶

一次性饭盒、塑料杯、酸奶瓶可以作为苗床和插枝的花盆，也可以当作盛土的铁锹使用。

一次性透明杯子

将杯子的底面戳一个孔可以当作花盆，也可以当作盛土的铁锹使用。如果在外面弄一个杯套，会更加好看，也能遮住透明的表面。

**塑料瓶、
塑料牛奶瓶**

饮料瓶、塑料牛奶瓶、纤维柔软剂瓶等既可以当作洒水瓶，也可以在瓶底戳几个孔当作花盆使用。纸质牛奶盒子虽然也可以当作花盆用，但是很难再次利用。我收集了几个塑料瓶，有的用在稀释杀虫剂和液体肥料上，有的当作洒水瓶用。如果不是透明材质的瓶子，我会将它们裁剪成三角形，插在花盆上当作植物名牌。

雪糕棍

它不仅可以当作植物名牌插在花盆上，也可以用于分解结块状土。如果很难收集到这些雪糕棍，可以购买类似的小棍子。

塑料勺子

它不仅可以当作植物名牌插在花盆上，也可以用于分解结块状土，还能当作盛土的铁锹使用。

**装洋葱、
白菜的网状袋子**

它们可以替代地网，防止花盆地面土流失，也可以用于保护球根。

泡沫盒子

一般情况下，泡沫盒子比较大，可以用来种植蔬菜和香草。当然，如果是体积较小的泡沫杯子，也可以用来栽培较小的植物。如果担心泡沫材质不利于植物的生长，可以在里面刷一层清漆。冬天的时候，泡沫盒子有助于植物抵御寒风。

利用可循环物品制作花盆

用可循环物品制作出的花盆没有那么漂亮，但是我们可以将它变得很漂亮。

蜡纸奶粉罐花盆

材料　奶粉罐、丙烯底涂料、油漆（颜料）、画笔、蜡纸、遮蔽胶带（魔术贴）、标线胶带

1. 丙烯底涂料——在奶粉罐四周均匀涂上1~3遍丙烯底涂料，如果先用砂纸将奶粉罐的四周擦拭一遍后再用涂料会更容易。

2. 油漆（颜料）——涂完丙烯底涂料后，再涂2~3遍自己喜欢的颜料，如果用吹风机会让它干得更快。

3. 蜡纸——用遮蔽胶带将蜡纸固定在奶粉罐四周，再用画笔涂上好看的颜色。裁剪蜡纸的工具可能需要另外购买，但是大家也可以将投影胶片当作刀使用。

4. 清漆——油漆完全干了之后，需撕下胶带。为了保护油漆，需在外面涂一层清漆，待清漆完全干了之后用标线胶带装饰边缘部位。

参考

用锤子、钉子或钻头将奶粉罐底面凿一个孔就可以当作花盆使用。在给奶粉罐喷漆的时候，可以在底部垫一张报纸。虽然奶粉罐容易生锈，但是它对植物生长不会造成任何伤害。

拌饭酱盒花盆

材料　拌饭酱盒（或者辣椒酱盒、大酱盒）、复古
　　　标签贴纸（最好能打印）、麻绳、胶枪、清
　　　漆、锥子

1. 去除标签——将拌饭酱盒的标签去除干净，如
　 果不易去除，可在上面涂一层润滑剂。

2. 粘贴标签——拌饭酱盒颜色鲜艳，无须在表面
　 再涂一层漆，在盒子前面贴一张复古式贴纸即
　 可。贴纸可以自己进行设计，也可以直接在商
　 店购买。

3. 粘贴绳子——为了不让拌饭酱盒盖上侧看起来
　 单调，将绳子拧在一起后用胶枪粘上。

4. 涂清漆——涂清漆可保护外层标签，在底面戳
　 一个孔，里面种上自己喜欢的植物，就做成了
　 一个可爱的拌饭酱花盆。

参考

　　塑料拌饭酱盒、大酱盒、辣椒酱盒的表面非常光
滑，很难直接涂油漆。可先在外面涂一层丙烯涂料，
再喷上自己喜欢的颜料。如果能先在盒子外面用砂纸
擦拭一遍，涂漆的工作会更加容易。

羊皮纸文字奶粉罐花盆

材料　奶粉罐、丙烯涂料、油漆（颜料）、画笔、
　　　羊皮纸、清漆、胶棒、黑板漆

1. 丙烯涂料和油漆——在奶粉罐外面涂1～3遍丙
　烯涂料，再涂2～3次颜料。颜料的颜色最好与
　粘贴的文字颜色相符。

2. 裁剪羊皮纸——将羊皮纸上的文字单独剪下
　来，文字大小要符合奶粉罐尺寸。羊皮纸最好
　选择没有光泽的，或者可以选择带有文字的
　餐巾。

3. 涂清漆——将裁剪下来的文字用胶棒粘在奶粉
　罐外面，然后在上面涂一层清漆。涂清漆可保
　护羊皮纸，并起到固定的作用。

4. 黑板漆——用画笔在奶粉罐的后面涂上黑板
　漆，然后用粉笔写上植物名字。

参考

　　如果使用的是半透明羊皮纸，很容易吸附灰尘且
易被发现，所以需要清理干净后使用。如果使用的是
2～3层的餐巾，只需使用带文字的那一层。加工后的
奶粉罐即使不用作花盆也能作为装饰品。

雪糕棍花盆

材料　塑料瓶、雪糕棍、丙烯涂料、油漆（或颜料）、复古标签贴纸、标线胶带、胶枪（或木工胶水）

1. 裁剪塑料瓶——选择一个适合做花盆的塑料瓶，并将它裁剪成花盆状。

2. 粘贴雪糕棍——将雪糕棍整齐地排在塑料瓶四周，并用胶枪粘上。

3. 丙烯涂料和油漆——在雪糕棍表面涂1~2遍丙烯涂料，然后涂2~3遍油漆。即使不涂油漆也可以，但是涂上后看起来更加光滑。

4. 张贴标签——在塑料瓶的前面张贴一个复古式的标签贴纸，再整体涂一遍清漆，最后在四周用标线胶带装饰一下即可。

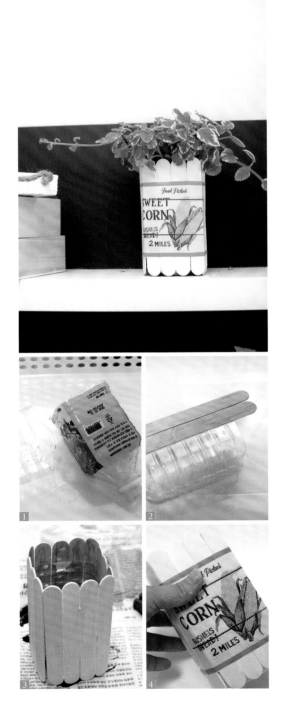

参考

　　塑料瓶的高度最好与雪糕棍的长度一致。如果雪糕棍比较长，那么它的缝隙处会渗水。最后再用锥子将塑料瓶底面戳一个孔，这样就能当作花盆使用了。

用麻绳改良的花盆

材料　粗糙的花盆或塑料用品、麻绳、胶枪、标签

1. 粘贴麻绳——像一次性塑料杯这种可再利用的
   物品，在它的外面用麻绳一层层缠绕后用胶
   枪固定，这就制作成一个简单的改良品。

2. 拧麻绳——如果是体积较大的可利用物品或大
   花盆，使用一根麻绳是不够的，需要3~4根拧
   好的麻绳。

3. 粘贴麻绳——将麻绳用胶枪一层层缠绕在塑料
   花盆表面，一定要完全覆盖花盆表面。拧好的
   麻绳还可以做成把手粘在两边，然后在花盆前
   面贴一个标签。

4. 编麻绳——在花盆最上面的部位，用一个不一样
   的编织图案的麻绳，让人觉得它像一个花篮子。

参考

　　不同的麻绳缠绕方法会给人带来不同的感觉。可
以根据感觉缠绕或编织麻绳，这样做出来的物品不仅
仅可以当作花盆，还可以当作装饰品或托盘使用。

木筷子托盘

材料　木筷子、丙烯涂料、颜料（或者丙烯颜
　　　料）、颜料画笔、餐巾、麻绳、木工专用胶
　　　（或者打胶枪）、固体胶

1. 粘木筷子——用木工专用胶将筷子两两粘在一
起，大约粘10根，这样托盘的底座就做好了。
由于筷子上、下部分厚度不一样，粘的时候需
上下交错进行。

2. 粘边框——如果想要托盘底面更宽一点，可以
多粘几根筷子。另外按照边框的样式，在底面
边缘处的筷子上再粘一些筷子，长度不均的地
方一定要处理妥当。

3. 喷涂丙烯涂料和颜料——筷子上的胶完全干了
之后，在表面涂1～2遍丙烯颜料，然后再涂
2～3次颜料，放置晾干。

4. 裁剪餐巾——挑选一些带有图案的餐巾，并将
上面喜欢的图案完整地裁剪下来。图案的颜色
最好与托盘底面颜色相近，这样看起来会更加
自然。

5. 保留餐巾带有图案的一面——一般餐巾是由很
多层叠加在一起的，我们只需要保留上面带有
图案的那一层即可。

6. 制作手柄——将麻绳裁剪3～4段合适的长度，并
将它的两头分别粘在筷子托盘边框处，达到可以
手提的效果，如果不需要这样的手柄也可省略。

7. 喷涂清漆——在刚刚裁剪完的餐巾背面涂上固
体胶，小心地粘在筷子托盘底面上，然后再涂
一遍清漆，目的是固定餐巾。

03 装饰品和其他用品

园艺装饰品

栽种植物的时候，如果觉得花盆看起来很单调，可以尝试用园艺装饰品。可选用身边不需要的小饰品。

花园标签

它的底部较尖，可插在花盆土里当作花盆装饰品。在上面刻上植物名称，当作植物名牌，装饰的同时也帮助我们记住植物的名字。可用树枝或小木板制作。

迷你花园装饰品

小铁皮桶、浇水壶也可以作为迷你花园装饰品。价格低廉，还能装饰花盆周边，一举两得。

花篮和托盘

一般花篮、防水处理后的布兰篮子、花盆托盘等都可以放在花盆周围，不仅能够让空间看起来更加整洁，还能起到装饰作用。

松果

大家可以去山上采集一些松果装饰在花盆周围。如果室内比较干燥，可以将松果浸泡水后拿出来，能起到加湿空气的作用。如果不喜欢松果的颜色，可以用颜色喷雾器、油漆或颜料等装饰松果表面。

玻璃瓶

玻璃瓶中可以放一些枯萎的花、小装饰品、树枝、花园标签等，如果是比较长的玻璃瓶，可以插上鲜花。它不仅能够起到装饰作用，还有收纳作用。

干枯的树叶

侧柏的叶子很容易枯萎，但是如果用麻绳将它的边缘包裹住，然后放在玻璃瓶中或挂在墙上，就可以当作一件装饰品。

有加湿功效的无土栽培

植物在土中栽培可以存活很久，但是花盆底部的洞常常让土和水流失，对此大家也很苦恼。其实可以试试无土栽培，用水栽培还有加湿的功效。

剪茎

将植物的茎剪掉进行无土栽培。我们所熟知的香草和观叶植物都适合插枝，将它们的茎剪掉后放在水里，会自己扎根。在水中生长的植物如果叶子长得不好，可以给它加一点液体肥料或再移回土中。

利用部分蔬菜或球根植物

在处理萝卜、胡萝卜、葱的时候，将它们叶子最上面的部分或根部留下来放在水中，会立刻扎根生长。还有像洋葱、风信子等球根植物也可以进行无土栽培。但是球根接触到水会腐烂，所以只要将它们的根接触到水面即可。

利用种子

绿萝、薜荔等部分观叶植物也可以进行无土栽培。将它们种子上的土洗干净后放在装有水的玻璃瓶或透明杯子中，然后再在水中放一些装饰石头或砾石。如果想要它快速生长，需要放一些液体肥料，或者是植物营养球。

聚集在一个花盆栽培（合植）

体积较小的花盆不仅不占用空间，价格便宜，还非常可爱。但是对于较宽大的空间来说，更合适摆放体积大的花盆。这样一来，就需要购买体积大且价格较贵的植物，其实小植物也能在花盆中栽培。此外，如果嫌大花盆比较麻烦，可以在花盆周围放一些篮子、木头托盘等装饰品，这样也能填满空间。

相同颜色、相似种类

我们在日本新婚旅行的时候，在由布院里看到一个花盆里栽种了两种以上的花草，且整整齐齐地排列着，这让我有些吃惊。相同颜色的花聚集在一起可能会没有那么好看，但是当我真正看到的时候，发现花的颜色正好点缀在一片绿色草地上，整盆花看起来也更加茂盛。如果你不擅长颜色搭配，那么就选择同一种颜色、相似的种类吧，这是最简单的方法。

不同颜色、不同种类

如果想要合植不同种类的植物，排列组合非常重要，如果排列不好，整盆植物看起来会不整齐。首先我们要区分小植物、大植物、藤蔓植物，如果是长得很大的植物，需要将它种在后面，如果是长得小的植物和藤蔓植物，最好将它们种在前面和两边。只有这样，长得大的植物才不会遮挡住阳光。另外，生长习性不同的植物最好不要放在一起栽培。如果将不需要太多水的多肉植物和喜欢水的观叶植物放在一起，肯定会使一种植物枯萎。

苔藓修剪成形

修剪

　　我们通常会在露天绿地中看到各种动物造型的植物，这就是我们说的修剪。另外，像雨伞形状的迷迭香、威尔玛是通过独特的修剪树枝方法实现的，我们将其称之为修剪树木或修剪树形。可使用在花店购买的水苔，将其制作成动物形状后，在里面栽种植物，这就是我们所说的"苔藓修剪成形"。薜荔、风兰、袖珍椰子等生命力顽强的植物适合修剪。购买这些可修剪植物的时候，需要将它们放在避免强光直射且通风的地方，如果水苔干枯了，植物的叶子也会很快干枯，所以一定要常常给它浇水，让水苔一直保持湿润的状态。另外，每1～2个月就要给它们注射一些液体肥料补充营养。

提示 利用生活中常见的香草

　　将迷迭香、罗勒等香草叶子放在玻璃瓶中，加入葡萄子油、橄榄油等油类一起栽培，只要3～7天就能成熟，将香草捞出后，剩余液体可以作为香草油食用。如果将它们与食醋放在一起栽培，3周成熟后可以作为护发素或是可食用的"香草食醋"。如果是作为护发素使用，可以将它们混合在装有水的洗脸盆中使用。如果是和海盐一起晾干的香草叶子，将它放在没有油的平底锅中，用小火翻炒后倒入搅拌机或石臼槽中碾碎，即为"香草盐"。将等量用香草泡的茶与糖混合后用小火熬，即为"香草糖浆"；或是与水一起煮，即为可食用饮料。

04 栽培植物的八大技巧

挑选健康种子的方法

培养一株好植物的方法，就是选择健康的种子。如果一开始就挑到枯萎或生病的种子，那么它很难再健康生长。情况严重时，甚至有可能将病虫害传染给其他植物。如果只能通过网络购买的时候，也需要注意购买的时期。像香草、花草等种子最好在春天或秋天购买，蔬菜种子最好在4~5月购买。如果在秋天购买蔬菜种子，商家售卖的很有可能是夏天遗留的种子，这些种子通常是有病虫害或是已经枯萎的，所以最好亲自去种苗商店或花店购买。如果在夏天或冬天通过网络购买种子，很有可能会买到易滋生病虫害的种子，尤其是那种对温度敏感的种子，这个时节它们的状态会不好。很多反季节栽培的种子只要1~2个月就能开花。

购买种子

如果大家亲自去花卉市场或花店挑选植物，首先观察它们的整体状态。当挑选到了一些满意的种子后，将栽培它们的花盆翻过来，检查一下种子是否会掉出。如果种子连土一起掉出，说明它的根在土里扎得很牢固。如果没有掉出，可将它的茎叶轻轻向上提起，确认一下根部是否牢牢扎在土里。除此之外，我们还需要确认下它的叶子有没有变成暗黄色或褐色；确认有没有被病虫害侵袭的痕迹；还要确认茎与茎之间的距离，不要太长也不要太短。如果发现种子茎与茎的间距过长，或者叶子比实物要小或大的情况，一定要了解这种情况是不是由于缺少阳光所致。如果你想要挑选一个可以开花的花草，最好选择那种处于即将要开花状态的植物，这样才能确保可长时间欣赏到盛开的鲜花。在阳光不足的地方，花有可能不会开，所以一定要提前查看栽培的环境。其实，最好选择那种在阳光不足的条件里也能开花的植物。

健康的种子　　　　　　　　　　　　　　　　枯萎的种子

检查种子

　　很多种子被装在透明的塑料袋中进行售卖。这些种子看起来很健康，但其实密闭的塑料袋空间对植物的伤害很大。购买时，一定要开袋确认种子的状态。除了确认种子的状态外，土的状态也需要确认。如果土的颜色非常深，并且被严重浸湿，那么很有可能是被商家浇多了水，导致土壤"过分潮湿"。如果你都能看到土壤中滋生的小虫子，那么表明这个土壤非常不健康。我之前遇到过这种情况：购买的种子无论用什么方法都不能让栽种它的土变干，后来我将土全部倒出，发现土里都是小虫子。

土的种类和换盆

换盆

　　如果一株植物在同一个花盆中无法再继续生长的时候，就需要给它们换盆。在确认生长环境没有问题的前提下，如果你发现植物生长状态很差，并且花盆里的土经常从盆底流出，最好给它们换盆。一般情况下，1～3年换一次，最好在春天或秋天更换，夏天或冬天的时候换盆会让植物产生后遗症。此外，植物对水的需求量各不相同，但是可以通过调整土壤中小石子的比例。如果是喜欢干燥的植物，那么土壤里小石子的比例就要提高；如果是喜欢水的植物，就降低小石子的比重。如果是对潮湿环境比较敏感的植物，直接将它换到比原来大很多的花盆中，大花盆中的土能够储存很多水分，这样很容易造成潮湿过度，所以最好选择稍大一点的花盆即可。

1. 铺地网和小石子——在给植株换盆的时候，为了减少土壤流失，会先在花盆底部铺一层地网，再撒一层小石子。花盆的大小最好是原来的1.5倍。
2. 放入土后与小石子混合——放入30%～40%的土壤后与小石子进行混合，土壤、小石子的容量大概占据花盆的三分之一。如果你想要植物生长得好，可以再混合一些基肥。根据植物种类的不同，小石子的量也有差异，种植多肉植物的土壤中一般需要混合50%～70%的量。
3. 从花盆中拔出种子——将种子从花盆中倒出并轻轻抖一抖，种子的末端在土里的时间较长，可以用消毒的剪刀将根部修剪一下，记住千万不要将根部的土全部抖掉。
4. 栽培种子和浇水——将种子移送到另一个准备好的花盆中，按照根部的高度填满土，然后浇满水。花盆保留20%的空隙，以免浇水的时候土流出。

参考

　　换盆时，如果将原来花盆中根部的土全部铲掉，且根部也被修剪很多，那么它在新土中很难适应，最后也会枯萎。换盆后的植物会比平常更加敏感，所以要浇足够的水，将它们放在阴凉处2～3天以上，再慢慢移到阳光下。如果它的叶子还是向下垂，可以用一个透明袋子将它包裹好，防止水分流失。如果花盆太大，也会给植物造成负担，此时需要对它们的茎和根进行适当修剪。茎和根的关系很密切，如果只是茎长得很好，根却不生长，那么植物的整体生长是不协调的，有可能会有后遗症。

使用不同的土

如果大家随便挖些土种植植物，很可能会长出连名字都不知道的杂草。不建议使用在山上或草地上挖来的土或是已经用过的土。因为这些土可能掺杂杂草种子或害虫等，有可能土本身已经氧化，或已经受到污染等。如果非要用这些土，最好先用醋汁或高温开水浸泡，然后放到阳光中晒干进行消毒，再用有机肥料或石灰对土壤进行改良。换盆时，要选择最适合植物的土壤，大部分的植物适合在弱酸性和中性土壤中生长。

1. 床土、营养土：床土是对栽培植物很有利的一种亮棕色土壤；营养土一般是为了能够适应换盆，由几种土混合而成的黑色系土壤，偏酸性。床土适用于植物换盆、栽培蔬菜时，且堆肥的比例很高，可以当作肥料使用。最近，床土有代替营养土进行栽培的趋势。

2. 小石子：与床土、营养土混合铺在花盆底部，对防止水土流失很有帮助。使用前最好在水里洗一洗，也可直接购买处理干净的小石子。

3. 珍珠岩：它可以与床土、营养土混合，可有效防止水土流失。它比小石子小，色白，与小石子的作用相似，无菌，适合无土栽培和剪枝。

4. 泥炭藓：在湿地、沼泽等地生长的植物一般具有很强的酸性，易腐蚀，保湿能力强，适合播种。蓝莓、食虫植物等需要在泥炭藓中生长。

5. 蛭石：质硬，高温加热状态下会膨胀。质轻，保持水分能力和透气性很强，无菌，适合播种、剪枝和无土栽培。

6. 水凝球：将泥土放在高温下烤干后形成的团块状无菌土壤。将水凝球放到水中后可以通过气泡确认氧气含量，适用于需要氧气供给的无土栽培。将它铺在花盆底部，可以防止水土流失。种植兰花时，将它铺在土的上面有利于植物生长。

7. 卵石：保持水分能力、排水能力和透气性都较强，主要用于种植兰花。比小石子体积大，也可以铺在花盆底部防止水土流失。

8. 树皮：可放在花盆底部防止水土流失，也可以在种植兰花的时候使用，也能在饲养动物时使用。

床土，营养土　小石子

珍珠岩　泥炭藓

蛭石　水凝球

卵石　树皮

栽培植物的关键步骤——浇水

浇水的时期

之前我曾在花卉市场问过卖家"多久浇一次水"，他们回答说7～10天浇一次就可以了。那么购买种子的人真的会遵守吗？如果一年四季都是按照相同周期浇水，夏天的时候水蒸发速度较快，植物有可能会因为缺水而枯萎；潮湿的梅雨季和阳光不足的冬季，水分不易蒸发，就有可能造成土壤过分潮湿。我之前在养花时，夏季几乎每天都给植物浇水，冬天一周浇一次。如果是大花盆，土壤能够存储足够的水分，可以坚持很长时间；但如果是小花盆，土壤较少，水分不足的时候植物就会立刻枯萎。另外，相比阴凉的地方，阳光充足的地方水分蒸发更快。那么我们该如何浇水呢？

1. 当土壤表面干枯时——表面土壤的颜色与之前相比明显变淡，且触摸的时候有沙沙的感觉，这个时候表明植物需要浇水。

2. 确认土壤内部状态——迷迭香、薰衣草等植物喜欢干燥环境，对潮湿环境比较敏感。可将手指、树枝、雪糕棍等插入土中确认土壤状态。

3. 土壤内部变干时——将手指插入土壤中拔出后，粘在手指上的土立刻掉落，表明土壤已经变干了。

4. 土壤内部潮湿时——如果粘在手上的土很湿，且一直粘在手上，那么表明土壤是潮湿的状态。

参考

我曾经认为浇水很难，但是后来发现比起水分过多，解决水分不足的问题更加容易。如果发现叶子已经枯萎，那么就立刻浇水，这样叶子也能逐渐恢复成原来模样。但是，如果过度浇水导致叶子枯萎，那么即使将其放置很长时间不再浇水，等土干的时候再浇水，叶子也不会恢复到原样了。如果你栽培的是不了解的植物，也可以参考这种浇水方法。

浇水的方法

　　即使在合适的时间给植物浇水，植物的生长情况也会不理想，这个时候我总在想是不是不应该用喷雾器直接在土上喷水。浇水时，都是在土壤表层浇水，下面的土都不能直接吸收水分。所以也会造成虽然上面的根处于潮湿状态但下面的根会由于水分不足而枯萎。在给植物浇水的时候，最好能浇到土里面，甚至到植物的根部位置，让它们充分吸收水分，这样还能让花盆里的氧气进行交替。另外，白天地表温度会逐渐升高，最好在上午和傍晚的时候浇水；相反，在寒冷的冬天，白天浇水能够预防冻伤。在不冷不热的春天和秋天，自来水的温度对植物都很合适。

1. 倒水——浇水时，一般不使用喷雾器进行喷洒，而是应该直接向土中倒水。

2. 确认潮湿状态——浇水时，土的颜色会渐渐加深。

3. 确认水是否流出——浇水时，需要注意水是否能够从花盆底部流出，如果看到水流出，说明植物根部已充分吸收了水分，可以停止浇水。

4. 向叶子喷水——观叶植物喜欢潮湿的环境，所以常常需要在叶子周围用喷雾器进行喷洒。但是，有的植物不喜欢叶子沾到水，所以要格外注意。

参考

　　喜欢干燥环境的多肉植物与喜欢潮湿环境的食虫植物浇水方法与上述方法略有不同。如果植物叶子较厚则需要的水分较少。多肉植物即使一个月只浇一次水也不会干枯。相反，食虫植物的土在干之前就需要浇水，最好在花盆底部设置一个"底面灌水"，底部注满水后可以随时给它浇水，尤其适用于长时间不在家没有时间浇水的时候，也减少了我们的负担。如果花盆比较多，可以用一个大盆、大塑料袋、浴缸或泡沫盒等放在花盆底面，直接进行"底面灌水"。

不同植物状态的处理方法

我们家的植物为什么会生病呢？

　　植物生病前一定会发出与平常不一样的信号。只要记住以下几种信号并及时采取措施，就可以让它们恢复原样。

非正常情况下茎长得很长

　　通常情况下，在室内栽培的植物叶子和茎会比较短，但是当茎突然变得很长时，这种现象我们就称之为"疯长"或"徒长"。植物疯长的原因是生长环境中的阳光不足，它们总在较暗的地方生长，误以为自己还在土壤里，为了逃离这种暗黑的环境就一个劲地疯长。部分观叶植物的叶子越来越宽的原因是想要增加能够接触到阳光的面积。因此，我们需要将喜欢阳光的植物放在阳台、窗边或户外，经常给它们浇水也会让它们疯长，所以水分要适量。此外，相比高温环境，低温就不会让它们疯狂生长。如果发芽的新种子在疯长，那么需要将子叶放在下面的土中支撑新种子生长，可以用台灯、植物补光灯、LED灯等代替阳光，补充光照。如果发现植物在疯长，可以将它的枝叶剪掉，然后放到光照条件好的地方。

叶子逐渐变黄色或褐色

栽培植物时，常常发现植物叶子变成黄色或褐色，这就是常说的"褐变现象"。造成这种现象的原因有很多：土壤过分潮湿或水分不足、季节变化导致的冻伤或中暑、缺少阳光、环境变更、需要换盆、产生病虫害等。部分植物为了能够顺利过冬，下面的叶子会自然地变成褐色并脱落。这个时候，我们首先要确认土的状态。如果土壤过分潮湿，最好将它放到通风、有阳光处使水分蒸发，当土变干时再浇水。如果与水分无关，需要确认是否缺少阳光，温度是否过高或过低，花盆是否过大或过小。如果发现植物叶子边缘枯萎，或是部分枯萎，那么有可能是湿度不足或钙不足导致。此时，我们需要制作"食醋钙液肥"或直接购买钙液肥，洒在植物根部。如果不是环境问题，那么仔细观察一下叶子周围，如果发现有害虫，要及时清理干净。当叶子已经变成黄色或褐色时可直接将其剪掉。

茎逐渐变成褐色

  一般情况下，如果浇水过多导致土壤过于潮湿，那么茎会变成褐色，叶子也会变成黄色或褐色，这是由"木质化"导致。这是一种自然现象，它表明植物的茎朝着树木化生长。当茎变成褐色的时候，首先仔细观察它的整体状态。如果它没有变软，依然很坚硬，且皮摸起来也逐渐木质化，那么这就是一种正常现象；相反，如果它变软，则有可能是土壤过分潮湿所致，如果也不能轻轻拧断，就不要再给它浇水了。木质化不仅仅会出现在树木类植物中，香草、部分花草、多肉植物、观叶植物等也会有此类现象。

新苗长得不好时

  播种时，如果发现新苗长得不好，就需要考虑调整播种的空间了。此外，如果在一个花盆中同时栽培很多新苗，它们会因为相互竞争而无法正常生长。所以要适当调整新苗与新苗之间的距离。此外，为了能够让其他正常新苗可以生长，我总是会将一些状态不好的新苗，尤其是长得慢的新苗还有疯长的新苗挑出来。选株不一定要看新苗的状态，如果叶子非正常变大的时候，或者间距变窄的时候都可以选株。

正常生长的植物

为了能够让植物正常生长，减少病虫害的影响，合适的花盆、适量的水、阳光、温度、通风效果、空气湿度等因素都非常重要。植物之所以会有偏好的环境，是因为它们的原产地不一致所致。所以我们需要了解它们的生存环境，找到适合它们的生长空间。当然，如果是栽培耐阴性强的观叶植物，光照不足的问题就很容易解决。为了弥补光照不足，我们可以将窗户常开，如果窗口灰尘较多，或粘贴了磨砂纸而阻碍了光照，那么就需时刻保持窗户整洁，并撕掉多余的磨砂纸。另外，植物不要都挤在窗边，这样会影响通风，病虫害也会互相传染，所以保持它们之间的间距很重要。下面即将介绍的剪枝也会对光照和通风非常有效。

剪枝保持通风

当叶子和茎紧紧贴在一起的时候，植物的采光受到影响，透气性也会不佳。如果一直维持这种状态，很容易产生病虫害，且植物内部也会变得越来越软，此时需要适当剪枝。当发现病虫害的时候，可以通过剪枝去除病虫害侵袭的部位，防止扩散。但是，多次剪枝也会导致叶子数量逐渐减少，如果再像平时一样浇水，那么植物很有可能会因为过分潮湿而枯萎。所以剪枝后需要观察几天再看是否要浇水。

1. 剪枝——如果发现植物较隐蔽处的叶子和茎紧紧贴合在一起，就用园艺剪刀将其修剪。

2. 茎剪短——病虫害严重的时候，剪掉已经被侵袭的部位，避免扩散。

3. 确认正在生长的茎——一个月后观察植物是否生长得更加茂盛。

剪枝

　　剪枝不仅仅是为了让植物充分接收到阳光，保持通风，也是为了保持树形。将它们长得格外突出的尖尖部位修剪干净。

1. 剪茎——如果已经想好了一个树形，最好从插枝开始。如果插枝的茎超出了想要的长度，可以直接从上面剪掉。

2. 拿掉底下的叶子——保留部分上面的叶子，下面的叶子最好都剪掉，剪掉叶子部分的茎会逐渐木质化。

3. 再次裁剪——剪掉叶子的茎上会又多长出两个茎，我们可以再次进行修剪，不断地让新茎长出来。

4. 将剪掉的茎进行插枝———直剪茎会发现茎变得越来越茂盛，可以借机来修剪成形。剪下来的茎可以作为新种插到水或土里再次生长。

让植物生病的病虫害

如果初期大家并没有留意到植物上长了小虫，那么它会很快扩散到其他植物上。因此，我们要经常检查植物叶子，一旦发现病虫害要及时采取措施。如果病虫害已经扩散，应喷洒杀虫剂，立刻隔离其他植物，避免更多植物受害。如果发现枯萎的叶子和花，或是掉落到土壤上的叶子，都要及时清理。

叶螨

如果发现叶子背面有小红点，或是看到细微的蜘蛛网，那么它可能就是红色系的蜘蛛叶螨。在高温干燥、通风条件不好的地方，叶螨会一边留下白点痕迹，一边吸叶子的汁液，一旦扩散就很难完全驱除，所以一定要注意通风。此外，对于叶螨，我们可以用卵黄油、除虫菊、园艺用肥皂水等环保杀虫剂，也可以用化学杀虫剂。叶螨对药物的抵抗能力较强，所以最好交替使用多种杀虫剂进行驱逐。

蚜虫

如果发现有黑色、草绿色、红色的小虫子粘在叶子上吸汁液，有可能是蚜虫。叶子和花上面的各种花纹会成为花叶病（病毒）的载体，一旦发现就必须立刻消除。如果发现花叶病，也可以直接将植物丢掉。我们也可以用纸巾将其轻轻擦掉，但是如果数量很多，需要用稀释过的糖稀、除虫菊、园艺用肥皂水、杀虫剂等喷洒。此外，我们还要驱除与蚜虫有共生关系的蚂蚁，如果用它们的天敌瓢虫也很有效。

果蝇

如果在蔬菜或部分香草叶子上面发现类似白线的花纹，那么有可能就是果蝇。果蝇的幼虫在吃叶子的时候，会留下白色的痕迹。它们能够进入到叶子里面，所以杀虫剂也不能轻易击退它们。我们可以沿着白色的痕迹找到它们并直接将其杀死，或是直接将这片叶子剪掉。此外，我们可以用类似蚊帐的纱罩在上面。

炭疽病

炭疽病不仅仅指的是遭受蚜虫、叶螨等害虫的侵袭，像观叶植物、多肉植物、蔬菜等的叶子或果实上出现褐色的斑点也有可能是这种病所致。在高温、高湿的环境中生长的植物很容易染上这种病虫害，如果不及时处理，植物很快会枯萎。所以要及时去除已经病变的部位，并与其他植物隔离，避免扩散。严重的情况，可以用稀释液（需要稀释130倍以上）和卵黄油，或滴滴水化剂、氯化剂等杀菌溶剂。

桑蓟马

如果植物叶子上留下类似被啃食后的白色痕迹，并伴有零零星星的黑点，像小飞虫似的围绕在叶子周边，可能就是被桑蓟马侵害。桑蓟马的幼虫通过吸食叶子汁液让其损伤。为了击退这些害虫，我们可以在其周边设置一个粘虫胶陷阱，也可以使用卵黄油、除虫菊、园艺用肥皂水等环保杀虫剂，或是使用化学杀虫剂。与桑蓟马相似的还有一种叫"根蝇"的害虫，它能够在潮湿土壤里产卵，会对植物根部进行侵袭，导致花盆里的土壤无法干燥，也会阻碍植物的生长。在阳光好的地方，将花盆里的土倒出晒干并驱除土中根蝇的卵，如果它已经成长，可以在周边设粘虫胶陷阱。如果情况比较严重，可以用杀虫剂喷洒整个土壤。

飞蛾（蝴蝶的幼虫）

它主要在白菜、萝卜等蔬菜叶子或部分香草植物中生长，相比室内环境，室外环境更易滋生。一旦长出飞蛾，能在瞬间吃掉叶子。为了预防，我们可以在植物外围罩一层寒冷纱，如果发现立刻用手去除。如果情况严重，可以喷洒卵黄油、除虫菊等杀虫剂。

蜡蚧

看上去像豆虫，且常常栖息在观叶植物或多肉植物上。如果它的身形看起来像羽毛，那么有可能是茶长蜡蚧。蜡蚧易生长在阳光不足的潮湿地方，所以尽量保持土壤干燥，且不要放在阴凉的地方。幼虫蜡蚧，可以用手直接驱除，但是当它长大的时候，就需要用含有卵黄油成分的环保杀虫剂或化学杀虫剂驱除。

白粉病

当看到植物叶子出现白色的粉状物质，叶子和茎都渐渐枯萎，这可能就是"白粉病"，它是霉菌的一种病变。在早晚温差较大、通风不足的地方，植物易得白粉病，所以我们要保持窗户常开，适当对植物进行剪枝。情况严重时，可以使用含有卵黄油成分的环保杀虫剂或化学杀虫剂。发现植物叶子滋生其他霉菌的时候也是如此，需要特别注意通风，并用杀虫剂消灭它们。

温室粉虱

在叶子周边不断挥动着白色翅膀，且常常出没在不通风、温暖的室内环境中的就是温室粉虱。温室粉虱的幼虫和成虫不仅能吸收叶子汁液，还能散播病毒，所以要格外注意通风条件，并适当剪枝，也可以使用含卵黄油的杀虫剂、除虫菊、园艺用肥皂水、化学杀虫剂等，也可以用粘虫胶陷阱。

可食用植物中产生的病虫害，用自然方法解决

　　对于刚开始滋生的害虫，可以直接用手去除，或将叶子在水里清洗一遍就可以了。但是情况严重的时候，需要用到能消灭害虫的杀虫剂，如炭疽病、白粉病等病虫害只能用杀虫剂来消灭。但若像可食用的香草、蔬菜等植物喷洒了杀虫剂后，可能会影响食用。其实我们可以购买环保杀虫剂或自己在家制作杀虫剂，就不会有类似的烦恼了。在使用杀虫剂的时候，一定要按照要求的稀释比例进行稀释，这样才能完全消灭害虫。另外，杀虫剂的使用频率为1~3周使用一次即可。

卵黄油

将食用油与鸡蛋蛋黄乳化后制成的环保杀虫剂，不仅能去除蚜虫、叶螨等害虫，对白粉病、炭疽病等的预防也很有效。如果不需要那么多的卵黄油，将10g蛋黄酱用2L水稀释即可。如果使用了卵黄油后效果并不显著，可以添加10g香油和5g厨房清洁剂，如果再加点干蒜、毒草汁等会更有效。

园艺用液体皂

这是我在国外园艺书籍译本中看到的一句话："园艺用液体皂能够消灭害虫"。园艺用液体皂其实就是我们常说的肥皂水，作用原理主要是让害虫窒息而死。因此，我们将一般的肥皂水、液体皂、厨房清洁剂等与100～500倍以上的水进行稀释后使用。更多情况下我会使用表面活性剂，如果是对可食用的植物，使用天然肥料的产品会更好。现在，对于"追求自然、环保理念的人们"来说，非常推崇像园艺用的液体肥皂一样的环保杀虫剂。

除虫菊

除虫菊并不是杀虫剂的名字，它的名字来源于菊花和花草。除虫菊能够麻痹叶螨、桑蓟马、蚜虫等害虫的神经，有类似"青霉素"的成分，尤其在花中的含量特别多。据说它对人类和动物不会造成伤害，所以像除虫菊这种环保杀虫剂在市场上很受欢迎。

**粘虫胶
陷阱**

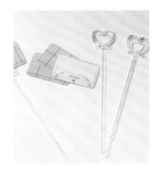

将粘虫胶涂抹在相应工具上,就能做成一个环保的粘虫胶陷阱,放在植物旁,虫子一靠近植物的时候就会被它粘住。对桑蓟马、温室粉虱、根蝇等想要靠近植物的飞虫尤其非常有效。

竹炭

竹炭有除湿气和异味、净化空气和水分、抗菌的作用。因此,在无土栽培的时候,放适量竹炭能够吸收水分。将竹炭混合在土壤中对植物的生长也很有利,将其与土壤混合后放入盆中不仅能够预防细菌和害虫的繁殖,也能成为土壤改良剂。也可将糟糠燃烧制成糟糠炭并将其混合在土中使用。

木草液

由燃烧炭过程中产生的烟气液化后提取而成,散发被焚烧的浓重味道。炭对植物的成长很有帮助,因此将木草液用500～1000倍水稀释后不停地对植物进行喷洒,能够预防病虫害,也能改良土壤。如果木草液的浓度太高,有可能会对植物有损害,所以一定要按照要求进行稀释。此外,木草液能预防脚气、湿疹、过敏等各种皮肤病,还能够杀菌、驱逐各种害虫。

参考

蒜汁稀释液、牛奶稀释液对消灭害虫也有帮助,在这里并没有对其进行详细介绍,是因为它们的效果并不明显。比如牛奶稀释液,如果稀释比例不对,或在使用后没有擦干净,甚至会对植物有伤害。因此,在使用天然杀虫剂的时候,一定要提前掌握这方面的知识。

植物营养剂和肥料

　　在花盆中栽培的植物，能够汲取的营养成分有限，要想植物能够茁壮成长，就需要使用营养剂（肥料）。但是，如果给植物施过多肥料，也会导致植物生长异常，甚至枯萎。除草剂也是按照相同的原理制作出来的，事先检查用量和使用的次数，最好能在适合植物生长的春天和秋天使用。如果不会挑选，请一定要学会区分无机肥料（化学肥料）和有机肥料（天然肥料）。无机肥料含氮、磷、钙。有机肥料是用鸡粪、芝麻油渣、鱼粉等制成。无机肥料虽能够在短期内助长，但可能造成土壤酸化或使土壤受到污染；使用有机肥料虽然见效慢，但是能够持续改善土壤。因此，如果是栽培可食用的植物，或想要再次利用土壤，最好使用有机肥料。

固体肥料

　　固定肥料呈颗粒状或团块状。换盆时，如果将固体肥料混合在土壤中，可以当作底肥，如果将其直接放在土壤表层，可以当作追肥。有机肥料主要呈棕色和褐色，无机肥料主要呈黄色和白色。部分化学固体肥料并不会在短期内产生快速效果，大部分见效慢，但是能够持续发挥功效。因此，不要经常施肥，要提前确认植物状态，当发现肥料功效逐渐变弱的时候，需按照要求再次施肥。作为土壤底肥使用的天然堆肥，如果在它还没有成熟的时候使用，会产生有害气体和细菌，不利于植物生长。将堆肥与土壤混合的时候，量不要太多，也不要直接撒向根部，避免伤根。

液体肥料（液肥）

大部分液体肥料都是无机液体肥料。与固体肥料相比，液体肥料见效快，但是不能维持很长时间，所以1~3周后需要再追肥。液体肥料主要作为追肥来补充植物的营养，将其按照一定的比例放在水中稀释后可以代替水使用。将液体肥料放在软管式的容器中，插在土上，让其溶液一点点流出，即可制成一个"浓缩型液体肥料"装置。如果将它的孔弄得大一点，营养液会瞬间进入到土中后流出，所以要格外注意注入量。

蚯蚓粪便土

我一般使用蚯蚓的粪便制成"蚯蚓粪便土"。蚯蚓生活的土壤中营养成分非常高。花坛或庭院的地面较宽广，适合各种堆肥，但是如果产生较刺鼻的气味，就不适合在阳台或室内空间使用，因此蚯蚓粪便土是最合适的。如果使用过多，会造成营养过剩，融入土壤中后不利于植物生长。因此，大部分植物只需要总土壤含量30%以下的蚯蚓粪便土，需要很多肥料的果实、蔬菜的用量也最好在50%以下。如果大家对蚯蚓不反感，可以亲自养蚯蚓，不仅能得到蚯蚓粪便土，还能将平时吃剩的食物垃圾作为蚯蚓的主食，一举两得。

在家制作的天然肥料

使用常见的材料在家就能制作天然肥料。

鸡蛋壳、螃蟹壳、贝壳

鸡蛋壳、螃蟹壳、贝壳等能够给植物补充钙元素，螃蟹壳中还含有甲壳质。如果直接将它们放在土上是没有效果的，洗净后去黏膜，放到石臼槽或搅拌器中磨碎，再放到土壤中。"食醋钙液肥（卵壳钙液肥）"的制作方法也很简单，在容器中放入鸡蛋壳，倒入两倍多的食醋，放置1~2周时间自然发酵即可。

作为肥料使用时，需要放到500~1000倍水中进行稀释，它不仅能够补充钙，食醋的杀菌效果也能预防病虫害。此外，食醋和鸡蛋壳相互反应会产生气泡和二氧化碳，可能会让瓶子爆炸，需提前将瓶盖打开释放气体。

淘米水

淘米水虽然可以被当作肥料洒在花坛或庭院中，但如果仅仅洒到土壤中很容易发酵，且会生虫。在2L淘米水中放一勺糖后放置1~2周时间让其发酵即可。打开盖后如果能闻到类似米酒的味道，就说明已发酵。发酵后的淘米水不仅能够作为植物肥料，还能洗碗、洗衣服、去除异味等。此外，如果能再加上能够产生微生物的有效微生物群原液，会大大增加淘米水提升土壤养分的作用。在塑料瓶中放入有效微生物群原液15mL、淘米水1.4mL、砂糖或蜜糖15g、海盐适量，在阴凉处放置1~2周时间后使其发酵，即为"淘米水有效微生物群发酵液"。使用的时候，将它与500~1000倍水中稀释后均匀洒在花盆土中，对预防病虫害很有帮助。

现磨咖啡残渣、袋装茶残渣

食物长时间发酵后能够成为优质的肥料，比如现磨咖啡、绿茶、香草茶、中药、红参等的残渣。其中，现磨咖啡残渣最适合作为肥料，如果直接将其和在土中或放在土表面，易滋生霉菌，所以一定不要将其与土直接混合，需晒干后放在土表面。如果担心产生霉菌，可略稀释后再洒到植物上。此外，将"淘米水有效微生物群发酵液"与残渣混合并放在阴凉处进行发酵，也能成为优质肥料。

增加植物的家庭成员

植物繁殖的方法有很多，一般情况下，对植物繁殖有利的时节是春天和秋天，夏天和冬天的温度不适合生长，所以失败率很高。

播种

新苗萌发时，不仅能收获巨大喜悦，大量种植花草、蔬菜、香草等时，还能节省重新购买种子的费用。蔬菜、一年生花草等发芽率高的植物适合栽种。栽种香草、部分花草等种子发芽率不高的植物时，可以在育苗托盘中填满播种专用土壤，将种子埋进去进行"育苗"。播种的时候，留下部分种子，新苗还没长出时，再次埋进剩余种子。将这些种子装在袋子或迷你拉链包中，用报纸包好后放在冰箱中保管能够延长种子的寿命。育苗结束后，不要直接移送到大花盆或空地中，先临时放在小杯子中作为"假植"，这种方式尤其适用于生长空间不足的情况。

1. 按照种子大小栽种

① 按照点播种

像南瓜、黄瓜等大种子需要在水中浸泡1~2天。用手或筷子在土中钻几个孔，再将种子分别放入孔中。当种子越来越大的时候，常常会在黑暗的地方发芽，即"暗性发芽种子"，所以我们需要将其埋得更深，然后再在上面覆盖一层土。即使种子比较小且数量少，也可以按点播种。

② 按照线播种

像叶菜这种发芽率高、种子偏小的植物，可以用手或筷子在土表面画一条线后，将其种子撒在上面，盖一层土就可以了。新苗如果长得很快，可将其挖出。按照线进行播种会有暗性发芽、光性发芽等情况。

③ 分散播种

像灰尘般的细小种子只有在接受到光照后才会发芽，也就是"光性发芽种子"。因此，将这些种子在土表面分散播种后，盖上一层土，当然也可以将种子和土稍微混合后一起撒在土上面。

2. 育苗托盘

当我们买了很多种子又想将它们都种上的时候,可以选择有很多格的育苗托盘(播种盘、种子托盘),不仅可以在播种时使用,还能用来插枝。在育苗托盘中,我经常使用的是一种塑料连接托盘,材质较软且呈半透明状,能实时确认种子发芽状态,也可以随时将其分离以确保种子根部不被损伤。这种方式特别适合发芽率较低且营养成分较少的播种专用(育苗专用)土壤、泥煤苔、蛭石等。

① 填土

在育苗托盘中填满土,在每个格子底部钻一个孔,适合多种种子的种植。

② 在土中钻孔

用手指或树枝在土中轻轻戳一个孔。

③ 埋种子

在每个格子中埋下2~4个种子,再盖上一层土。如果土已结成干块想换掉,注意不要将新芽拔出来。

④ 确认新苗

如果发现土壤干枯,需适当浇水,这样新苗才能长出来。可以将它移到阳光下面,注意浇水防止土变干。

3. 压缩泥炭

如果新苗在生长的时候将其移送到大花盆中栽种，根部会比较敏感，此时用压缩泥炭能够缓解这种情况。在生长状态不理想的时候，需要小心地将表面部分轻轻去除后使用。使用压缩泥炭对插枝很有帮助。

① 准备压缩泥炭

压缩泥炭能够让播种用的泥煤苔在无菌状态下压缩，所以不需要单独准备土壤，非常有利于播种。刚刚做好的压缩泥炭呈扁平状。

② 埋种子

将压缩泥炭放到水中浸泡后一会儿就会变大，然后就能栽种种子了。将种子放到中间洞处，然后再在上面盖一层土就可以了。

③ 确认新苗

在压缩泥炭中种植的种子会长出新苗，但是如果不想让新苗发芽，且想要在以后继续种植，可以先放在微波炉中使其干燥后保管。

④ 利用泥煤苔

将泥煤苔制作成花盆模样，并将种子放到其中栽种，或者也可以使用临时栽种空间压缩泥炭。

4. 可循环利用容器

    如果你只是想要栽培少量的种子且想节约成本，那么可以利用酸奶瓶、一次性杯子、一次性饭盒等。用锥子将它们的底面凿一个洞，或是用筷子直接戳一个孔也可以。不仅能够播种，还能用来插枝，很方便。

① 在底部钻一个洞
用锥子在塑料容器底部钻几个孔，以便水可以正常流出。

② 填土
在容器中填满土，然后用手或树枝在土里钻几个洞，将种子放到洞中后再盖一层土。

③ 利用褐色塑料杯
如果购买的种子自带褐色塑料杯，那么播种的时候可以再次利用。底部的洞如果太大，可以用洋葱皮、浴球等覆盖在洞上面。

④ 在鸡蛋壳内播种
鸡蛋壳中长出的新苗还能作为装饰用，非常可爱。但是使用之前需要将鸡蛋壳里面的黏膜去除，以防止滋生细菌。底部的洞可以用筷子轻轻戳。

提示 在新苗长出之前保持水分

棉花播种：如果是体积不大且发芽率低的种子，可以用化妆棉、厨房毛巾等在水中浸湿后铺在种子上面，它们能够迅速吸收水分并发芽。当长出根之后，立刻将其埋到土里。

底面灌水：栽培种子的土壤如果很难维持湿润，可将育苗托盘、塑料托盘等放在花盆底部，并将其注满水，形成一个"底面灌水"的状态以随时补充水分。但是，如果新苗已经长出，无须在底面灌水。

透明塑料袋和台灯：播种后，将塑料袋覆盖在表面，可以维持水分和温度。如果能放置植物补光灯、一般台灯等照明设备，不仅能提高温度，还能补充光照。LED植物照明灯更能补足光照。

球根种植

　　为了能够让土中的茎或根存储更多的营养成分，它通常会膨胀成球状，周边长出来的新苗子球会悬挂在旁边繁殖，这就是球根植物。夏天或冬天时，球根植物的叶子会逐渐枯萎处于休眠状态，此时不要浇水，直接将其放在土中保管，或者拿出来放在通风处。在秋天种植的"秋植球根"到冬天的时候需有45天以上在10℃以下的低温环境中进行"低温处理"，此时它们不再生长，要等到春天时再开花，所以需要将它们放在阳台或走廊等通风、阴凉处。如果不具备生长条件，只能将其放到冰箱蔬菜保存区进行低温处理，然后再进行种植。郁金香、风信子等秋植球根在夏天休眠后10～12月份的时候进行播种，大丽花、剑兰等春植球根在冬天休眠后次年春天开始种植。

1. 准备郁金香球根——这是在初秋的时候买的郁金香。它的表面有一层褐色的皮，里面是白色的。

2. 剥皮——郁金香很容易滋生霉菌，所以要将皮剥掉，使其更好的通风。去皮后的球根很容易干燥，而且要在短时间内进行栽种。

3. 消毒——将苯菌灵杀虫剂或漂白水在500～1000倍的水中进行稀释，将球根放到水中浸泡一个小时消毒。放到干净的水中清洗，并在半阴凉处稍微晾干水分。

4. 用报纸包裹——如果不是立刻要栽种的球根，保管时，一定要用报纸包裹，或是装到装洋葱的网袋中，并放置在阴凉、通风处保管。

插枝和压枝

发芽率低的植物繁殖的方式就是"插枝",即将它们插到养分低且无菌、排水性和持水性好的土壤或水中,使茎的末端长出新根方式的繁殖方法。相对于插在土中的方式(土插枝)来说,插在水中的根部更容易长出来,且更易储存水分。但是,如果将其再移到土中,成活率会降低。在土中插枝后长出来的根成活率略高,待它的根部长出来之前很难长时间储存水分,茎很快会干枯,这对除了多肉植物之外的植物很不利。如果经常浇水,茎会腐烂,易滋生根蝇,如果是在10cm以下的塑料杯中栽培,当发现土变干的时候就要浇水。如果发现植物种子一直处于干枯状态,可以在外围罩一层透明的塑料袋,防止水分流失。如果是塑料杯、一次性杯子等透明或半透明材质,对观察根部生长情况非常有利。在不剪枝的情况下,枝叶轻轻向下低垂,并再次伸进土壤中长出新苗,这种繁殖方式就是"压枝"。压枝特别适用于疯长的茎叶。

插枝

1. 剪茎——将插枝的茎用消毒后的剪刀剪去5~10cm,也可以将其修剪成想要的模样,就像之前提到的"树形"。

2. 插在水中——为了储蓄水分,最上面的叶子最好保留2~4片,用杯子、一次性容器或鸡蛋壳等装满水后将茎插入。水最好2~3天更换一次。

3. 插在土中——将放在水中1~2天的茎移到土中,并适当浇水。无论水中的茎长到什么程度,它移到土中后会再次生长。有些植物一周内就可以长出新苗,但是有些需要一个月左右。

4. 压枝——不单独剪枝,将新长出的茎用铁丝固定在土中,接触到土的部分会长出新根,将这部分根用剪刀剪下来,使其与母体分离。

插叶

　　插叶是插枝的一种，是一种将多肉植物、部分观叶植物叶子剪下来后栽种的繁殖方式。多肉植物基本是靠插叶进行繁殖的，但是也可以用茎插枝的方式繁殖。在这本书中，用插叶繁殖的植物标记为"插叶"，用茎插枝的方式标记为"插枝"。

1. 准备叶子
将茎的叶子摘下或收集一些自然掉落的叶子。我在这里准备了多肉植物龙月的叶子。

2. 放在土上
将圆圆的多肉叶子轻轻地斜放在土上面，并放置于阴凉处。叶子如果是扁平状的，可以插在土中间。

3. 向根部喷雾
多肉植物的叶子能够储蓄水分，就算它的根部长出来也不需要浇水。如果根长出来了，可以在根周围喷一些水。如果是扁平状的叶子，发现土壤内部干了之后就需要浇水。

4. 确认新苗
待可爱的新苗长出来时，需要将它们移到阳光充足的地方。在插叶的时候，可以在土中混入40%~70%的小石子。

分株

　　如果发现茎没有长长，反而根部周围不断长出各种新芽（部分香草和观叶植物容易出现这种情况），此时不能用插枝和压枝来进行繁殖。香草可以用种子进行繁殖，如果发现根部有不断冒出的新芽，那么就将其与母体分开，分成几株后重新栽种在新花盆中进行繁殖，这种繁殖方式就叫作"分株"。比如多肉植物，将其附近长出来的新芽与母体分离并移送到他处进行种植的情况就叫作"分株"。

1. 分离种子
将要分离的种子从花盆中取出，与母体分离。

2. 株与株之间进行分离
将根部的土轻轻抖掉，小心地将株与株分离，如果不好分开，可以用剪刀。

3. 分株
将分离后的株分别移送到各个花盆中种植，这就是分株。

花鉴赏后采种

植物叶子和根部积蓄的营养成分会向花蕾传输，使其开花，用浓郁的花香诱惑蜜蜂或蝴蝶将其花粉移送至雌蕊中完成植物的授粉过程，这样花就会慢慢结出种子。因此，植物开花期间，叶子和种子生长较慢，当香草或蔬菜叶子和根收获时，将花茎剪掉。但频繁剪枝，开花会变慢，所以想要快点欣赏到花，就必须克制。

有些植物开花是不分四季的，但是有些植物会在特定的时节开花，像菊花、伽蓝菜等植物会在白天时间逐渐变短的秋季开花，这种被称作"短日植物"；像连翘、菠菜等植物会在白天时间逐渐变长的春天开花，这种被称作"长日植物"。如果想要植物快点开花，那么可以让它们产生白天时间逐渐变短的错觉，每天下午5点到第二天白天8点的时候用黑色的塑料袋子或布将它们罩住；如果是长日植物，可以用辅助的照明设备持续为它们提供光照。

采种

1. 结花蕾——到了开花的时节，茎上会出现花蕾。只要长时间接受到光照就能开出漂亮的花。

2. 开花——花蕾渐渐展开然后开出漂亮的花。植物的种类不同，花朵维持的时间也会不同，有些花一天就枯了，但是有些花能够开放一个月左右。

3. 摘除枯萎的花——如果不想要种子，那么等到花枯萎的时候，直接将枯萎的花摘除就可以了。清除枯萎的花，不仅对开新花有帮助，还比较卫生。

4. 毛笔授精——在室内生长的植物无法靠蜜蜂、蝴蝶等自然受精，所以如果想要结新种子，可以用毛笔、棉签等擦拭花蕊中的花粉，使其沾到中间的雌蕊，这就是人工授精。

5. 确认结种子——人工授精成功的情况下，植物会长出绿色的皮或荚。比如：旱莲的部分种子会变成土黄色，撕下的表皮需要干燥处理，以便使其变硬。

6. 采种——大部分的种子会变成褐色和黑色，然后用手撕下后就可以采种。如果是悬挂了很多种子的植物将茎剪掉部分再轻轻抖动，促使种子萌发。

季节别植物管理方法

在四季分明的地区，每个季节管理植物的方法各不相同。季节不同，温度和光照度等环境条件也会有差异。相比环境变化影响较小的室内空间，阳台、户外花坛、屋顶等室外空间受到季节的影响非常大，所以对植物的管理要格外费心。

春天

春天适合播种、购买种子、换盆等，是一年四季中最繁忙的时节。尤其是要在夏季到秋季开花的"春植球根"种子必须要在这个时节播种。一年生的植物，其种子必须要在春天种植，如果错过，就需要再等下一个春天。冬天的时候，将枯萎的叶子和茎整理好，抱着一种重新开始的心情换盆后，植物又会重新生长。此外，3月份的时候会有春寒，如果早早地将花盆搬到外面，会让植物受到冻害，所以要格外注意。虽然这个时期需要经常浇水，但是要等到土干后再浇水，或是看到叶子干了之后再浇水。

夏天

夏季不仅仅有难以忍受的酷暑和病虫害，还有阴暗、潮湿的梅雨季。因此，我们需要提前喷洒杀虫剂，将植物放到通风条件好的地方，保持窗户常开，提前进行剪枝。如果担心打开窗户后会有更多的虫子，可以在窗户上安装一个纱窗。

如果是朝南方向，那么可以阻断部分阳光；但如果是朝东、朝西方向，酷暑之下，植物的叶子很快就会枯萎、变黄，此时我们需要将变黄的叶子摘除，并将难耐酷暑的植物放到阴凉处。当我们发现叶子完全枯萎的球根植物的时候，需要将其放到阴凉处保管。梅雨季时，一年生的叶菜和根菜会渐渐成熟收获，所以需尽快处理。夏天的时候，我们可以准备一些不需要特别施加肥料也能迅速成长的蔬菜和香草等植物。

盛夏之际，花盆里的土易干枯，所以我们可以将其移至阴凉处或时常浇水，不过注意不要过度浇水。梅雨季较潮湿，所以需要减少浇水的次数，放置在户外的植物会因为长时间的梅雨而导致土壤过分潮湿，所以需要将其移至室内。

秋天

经历了漫长炎炎夏日的病虫害在这个时节会渐渐减少，经历了酷暑磨难的植物在这个时节也会立刻充满生机，为即将到来的冬天做准备。这个时节，有些植物叶子常常变成红色或黄色，这就像枫叶会在秋天变红一样是自然现象。我们家的阳台，从秋天开始光照量就逐渐减少，且一年生植物也会逐渐收获，已经清理且腾出部分空间，通过剪枝和位置再分配可以帮助应对冬天。

与朝东、朝西方向相反，秋天的时候朝南向的阳台光照条件最好，如果阳台正好朝南，叶菜、根菜等"秋波一年生"花草在这个时节播种最合适。如果错过了春天换盆期，夏天种子若是太多、空间不足，那么就选择在秋天换盆吧，可以选择栽种在春天开花的球根植物。秋天时的浇水原则可以参考春天的浇水量，根据气温适当浇水即可。

冬天

　　到了冬天，许多植物被移至室内。如果植物不小心被冻伤，叶子就会像焯水后的蔬菜一样变软，甚至会发生褐变。但是，有些植物下面的叶子会自然变成褐色，这是一种自然现象。有些树木为了防止水分蒸发，越冬的时候叶子会自然下垂，提前剪枝可有效避免这种情况。如果阳台太冷，可以在窗户上安装隔帘或粘上透明塑料袋。如果是一个隔板，可以用塑料包装袋等大型塑料袋将其全部罩住，制成一个塑料房空间。

　　在玻璃窗上安装喷雾器，既便捷又能隔热，而且可减少阳光直射，是非常好的"喷雾器隔热材"。对空气湿度要求高的观叶植物来说，在干燥的冬天，需要常常在叶子周边喷雾保持水分。即使是冬季光照较好的朝南向，相比春天和秋天，植物的生长较慢，所以不要施肥促使植物生长，也不要购买新种子或播种。当然，如果阳台的温度适宜，可以给植物适当施肥帮助其生长。相比其他季节，浇水的次数要减少，根据环境条件1~2周以上浇一次水。

提示　确认自家温度

　　如果是不适合在炎热和寒冷环境中生长的植物，此时就需要一个温度计确认室内温度。我使用的是电子温度计，既能确认温度又能确认湿度。

　　不耐热的植物：难以抵制炎热夏天的植物需要移到阴凉处，如果植物太多，可以用窗帘遮住窗户，阻挡部分阳光。

　　能够忍受冬天0℃以下气温的植物：像香草、野生花等用根越冬的植物能够忍受低温，但是也有些植物需要良好的通风条件，所以白天的时候最好稍微打开窗户。大部分的阳台和窗边气温是不会降到零下的，所以将植物放在这些地方并不需要过分担心。有些植物能够在户外进行越冬，所以不要选择那种易冻裂的小花盆，最好选择大花盆或直接将它们种在花坛中。如果能在花盆上面盖一层土或落叶，对它们越冬会有帮助。

　　能够忍受冬天5~10℃的植物：大部分植物能够在5~10℃条件下越冬。相比正对窗边，窗户后面的空间受到冷风的影响较小，可以将植物放在窗户后面的位置，这能让它们顺利越冬。如果确定植物能够忍受5~10℃的气温，那么如果发现阳光气温偏低，就要将它们移到室内。

　　能够忍受冬天15℃的植物：如果不是阳光较好、隔热能力较强的阳台，就要将只能够忍受15℃的植物移至室内栽培。若非要将它放在阳台，那么可以用2~3种透明塑料袋将其罩住，并放在泡沫盒子中保温。

第二部分

在厨房、卫生间、玄关栽培的植物

这一部分介绍了适合在光照不足的厨房、卫生间、玄关等空间栽培的植物。

阴地植物、易管理的植物、无土栽培植物、小植物。

短时间可成熟并食用的
芽苗菜

栽培信息

难易度　　　●○○○○○
繁殖　　　　种子
浇水周期　　1～3个月浇一次
培育适温　　15～25℃
光照度　　　半阳面、半阴面
推荐空间　　任何空间均可
特征和功效　比完全成熟后的蔬菜营养成分
　　　　　　更多，对身体更有益处。

很多人都想要栽培可食用的植物，但是还没试过就认为会很难，真的是这样吗？试一试种芽苗菜（各种蔬菜的新苗）吧，无论是谁栽培都能在一周内收获。这种新苗很容易购买。

但是，如果种子已经保存了2～3年以上，即使是放在冰箱里，发芽率也会很低，所以最好尽快栽种。

提示

1. 新苗可以直接栽培。将它们放到土中的时候，不需要在花盆底部钻孔，只需使用稍肥沃的土壤即可。如果使用马克杯或玻璃杯，就需要在它们的底面钻孔。收获时，用剪刀将芽苗菜剪掉（不连根剪掉），将土轻轻抖掉即可。

2. 这些新苗可以在室内的任何一个空间栽培，尤其是湿度较高的厨房，成熟后可作为食材使用，非常方便。

3. 在水中栽培的芽苗菜可以连根拔起，收获时，可用来制作拌饭、蔬菜沙拉、三明治。相比完全成熟的蔬菜，芽苗菜的营养成分更多，不同种类的芽苗菜还会有不同的功效。

4. 在食用之前，如果想让它当作一个装饰品，可以将它放在马克杯、一次性透明杯子、塑料杯中栽培，这样还能观察到它生长的过程。如果是放在土里栽培，可以利用一次性杯子、各种塑料容器等可循环利用的物品。

1. 准备一个有漏网的杯子

我们在喝茶的时候为了不喝到茶叶，常常会准备一个漏网，这里我们就需要准备一个有这种漏网的杯子。将芽苗菜满满地覆盖在漏网上面。

2. 确认根部

杯子中盛满水，保证漏网中的芽苗菜刚刚接触到水表面，等待2~3天，它的根会渐渐长出来。芽苗菜的根会沿着漏网下面延伸，此时保证根部刚好接触到水表面。

3. 确认子叶

如果看到了子叶，那么不到一周就能成熟，无论那时它们的茎有多长都能收获。成熟速度会根据季节的不同有些差异，温度越低，长得越慢。

4. 换水

如果我们拿出漏网，会发现新苗的根部满满插在漏网外面。此外，如果长时间不换水，会有异味，所以应1~3天换一次水。

撒种的方法

利用箩筐

如果是栽培大量种子，我们可以用孔隙结构密集的箩筐。箩筐比漏网的孔要大，如果种子比较小，可以在上面盖一层纱布。

在土中种植

利用可循环容器，将其里面填满土，底部钻一个孔，将新苗放在里面栽培。新苗用土很简单，营养成分较少的土或已经使用过的土也可以用来种植新苗。

在棉布中种植

将种子放在化妆棉、厨房毛巾等上面，一天用喷雾器浇四次水，这也是一种栽培种子的方法。但是，如果是较深的容器，时常会产生异味。

速食饭容器

如果不需要很多土，可以在较矮的容器中种植。

猫喜欢的
猫草

猫草是指包括大麦、小麦、燕麦等猫喜欢的植物（猫食用后可刺激肠胃蠕动，帮助猫吐出在胃中结成团的毛球）。因此，我们不一定要坚持购买猫草的种子，还可以买大麦、小麦等种子进行栽培。此外，并不是所有的猫都喜欢猫草。猫草还能作为做拌饭、沙拉等各种料理的食材。

栽培信息

难易度	●○○○○○
繁殖	种子
浇水周期	1～3个月浇一次
培育适温	20～30℃
光照度	半阳面、半阴面
推荐空间	任何空间均可
特征和功效	这不仅仅是猫最喜欢的植物，也是可以供人类食用的芽苗菜。

提示

1. 和其他芽苗菜的种植方法一样，即使将它的叶子剪掉，也能再长出新叶，再次成熟。收获1～2次后叶子会变硬，味道也不太好。不用消毒的芽苗菜可以直接当作种子栽培。

2. 与其他芽苗菜相比，猫草可以种植很久，非常适合用于装饰。它可以在室内的任何空间栽培，当然如果是在湿度较高的厨房会更好。

3. 猫草成熟的时候可以做成拌饭、沙拉。它是一种芽苗菜，营养成分很高，还能制成饮料。猫草含有丰富的膳食纤维，可以帮助消化。

4. 如果不作为食材，可以将它放在漂亮的花盆或马克杯中，当作装饰花草来观赏。也可以用速食饭盒、一次性杯子、各种塑料容器等栽培。

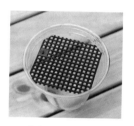   

1. 准备杯子和地网
准备一个空杯子和花盆地网，将地网修剪成四方形并卡在杯子中间。

2. 确认新苗
将大麦种子放在地网上面，杯中盛满水，且种子刚好接触到水表面。2～3天后会长处新根和新苗，一周后就可以收获并食用。

3. 调整水量
当在地网下面看到根部的时候，需要调整水的量，使根部正好接触到水表面。2～3天换一次水，换水的时候，只要用筷子将地网拿出来就可以了。

4. 收获新苗
在水中栽培的猫草收获的时候，可以直接食用，如果想要再次收获，可以将它的叶子剪下来。倘若家里养了猫，可以将杯子中的水倒掉，直接将猫草递给它。

土中种植和猫薄荷种植

土中种植
在土中种植的植物的叶子比在水中种植的更加坚硬，我们可以用已经使用过的土进行栽培。

猫薄荷种植
猫喜欢的植物不仅仅有大麦、小麦、燕麦等猫草，还喜欢香草猫薄荷。猫薄荷是多年生植物，成活期较长。

叶子和茎都能食用的
番薯芽

植物信息

学名	*Ipomoea batatas*（番薯）
分类	旋花科多年生、蔬菜
原产地	韩国、中国、印度尼西亚、巴西
别名	甘薯、地瓜
特征和功效	可以作为观赏用，叶子和茎都可食用。

栽培信息

难易度	●○○○○
繁殖	球根种植、插枝
换水周期	1~3天换一次水
培育适温	20~30℃
光照度	半阳面、阳面、半阴面
推荐空间	厨房、客厅、办公室、卧室、学习房、阳台灯

从夏天到秋天，能够栽培的植物数量逐渐减少，尤其是像胡萝卜、白萝卜、大葱等蔬菜。我每次都将它们的根保留进行无土栽培。这些蔬菜的根部、茎干等圆圆的部位能够储存丰富的营养，只要用水就能让它们再次生长。偶然的一次机会，我在路上发现了正在生长的番薯芽，便立刻将它带回去并插在水中，2~3天后，白色根逐渐长大，布满整个水面，当时我很兴奋。如果没有茎，可以直接将整个红薯放到水中，不仅有利于植物生长，还能作为观赏用。

提示

1. 在水中进行无土栽培的时候，放一些水凝球效果会更好。如果是比较冷的季节，它的叶子会变黄，所以最好将它移至较暖和的地方。此外，即使将切掉一半的番薯进行栽培，也能看到番薯芽不断生长的模样。

2. 番薯爱心形状的叶子也会像藤蔓似的不断变长，所以可以将它们放在厨房窗边、隔板、桌子等上面作为装饰。虽然它可以在室内栽培，但更适合在湿度大、光照好的厨房栽种。

3. 维生素、矿物质、膳食纤维、硫酸化等含量丰富的叶子可以作为汤、饭团、沙拉、拌菜的食材，膳食纤维、钙、钾等含量丰富的茎也可以食用。

4. 透明的红酒杯、玻璃杯、玻璃瓶、塑料瓶、一次性杯子等可以用作无土栽培的容器，我们可以直接观察到根部生长的样子。这不仅可以帮助我们教育孩子，也对维持室内湿度有效果。

1. 准备材料

准备无土栽培用的番薯、玻璃杯或玻璃瓶。一般选择刚刚挖出的番薯，这样它的芽会更容易长出来，但是如果只有发芽的番薯也可以。

2. 确认芽和根部的生长状态

在玻璃杯中装一半左右的水，几天后，番薯的芽和根都能长出来。1~3天需换一次水，这样才不会有难闻的气味。

3. 确认生长的叶子

番薯的芽会长出很多叶子，蜷曲的叶子也会渐渐展开并茁壮生长。

4. 插枝

将番薯的茎剪掉插在土或水中，它的根会慢慢长出来。如果是在庭院中栽培，需要对番薯的茎进行插枝才能播种繁殖。

适合做成沙拉的

菜秧

　　我一般在3月初、4月初和8月的时候播种菜秧。但是很可惜，我的朝东向阳台在秋天到冬天期间光照强度会逐渐减弱，即使是在秋天播种，也很难收获成熟的蔬菜。因此，在秋天的时候，我主要收获未成熟的菜秧，并将它们放到沙拉或饭团中食用。当然，你也可以根据自己的喜好，收获不同大小叶子的蔬菜，叶子小的蔬菜非常适合做沙拉。菜秧不会像芽苗菜那样一周就能收获，最快2周，最慢1~2个月就能收获，大家可以尝试一下。

栽培信息

难易度	●○○○○
别名	小叶子蔬菜
繁殖	种子
浇水周期	表面土干了就需要浇满水
培育适温	15~25℃
光照度	阳面、直射光、半阳面
推荐空间	阳台、窗边、厨房窗边、户外空间等
特征和功效	在叶子还未成熟状态下可收获并食用。

提示

1. 如果没有菜秧种子，芽苗菜种子或一般蔬菜种子也可以。但是，在市场购买的一般蔬菜种子都是经过消毒的，所以在食用的时候一定要将子叶去除。此外，如果是芽苗菜的种子，市场上卖的一般是可食用的，如果可以买到本叶，那么就将它插在瓶中，能够长出其他品种。阳光不足的条件下长出来的菜秧，如果看到1～2个本叶的时候就可以直接收获。因为这些蔬菜都是可以快速收获的，病虫害偏少；如果发现病虫害，立刻用环保杀虫剂驱除。

2. 菜秧一般适合栽种在有阳光的地方，尤其是放在厨房窗户边上，等可以收获的时候就可以直接食用。

3. 适合做成沙拉和饭团的可食用叶子蔬菜在还未成熟之前也能够作为菜秧收获。

4. 菜秧不会长得很大，所以直接用一次性杯子、塑料瓶、塑料牛奶瓶、立体拉链袋或塑料袋等栽培就足够了。

4. 确认本叶

经过两周的时间，本叶一般会长得比子叶长得更大，此时也可以直接摘取食用。

5. 二次疏苗

如果不想那么快收获，想要再栽培一段时间，可以留几个秧苗，摘出来的秧苗可直接食用。

1. 种植种子

准备一个可立起来的塑料袋，将其底部穿一个孔，袋中填满土后将种子埋进去。不到一周的时间就能看到新苗。

2. 盖土（覆土）

如果发现新苗疯长，可以在上面盖一层土。盖一层土后新苗能够一直向上长。

3. 疏苗

新苗如果长得很多，需将长得不好或疯长的新苗、子叶摘出来，摘出来的新苗依然可以作为食材使用。

6. 收获

经过大约一个月的时间，菜秧成熟度就能达到沙拉用食材的标准。将土上面的叶子剪下来就能收获，如果还想再栽培一段时间，可以先摘出部分，留下的可以通过疏苗使其在更宽敞的空间生长。

扔掉的部分也能栽培的

大葱

植物信息

学名　　　*Allium fistulosum*（葱）
分类　　　百合科多年生、蔬菜
故乡　　　中国
别名　　　葱、大葱

　　之前听朋友说，将大葱根部剪掉后再进行栽培还能长出大葱。我将大葱根单独剪掉放到装有水的塑料瓶中，不到10天，就长出了大葱，这让我很惊喜。虽然这种栽培方式很简单，但是它到底能够收获几次却无法得知，有些时候可能需要很长时间才能成熟。市场上销售的大葱底部一般都是白色，其实它原来并不是这个颜色，这是因为它长在无法接触阳光的土中，颜色渐渐变淡，最后才变成白色，我们通常将这种蔬菜称为"浅白蔬菜"。我们可以将它放到花盆中种植，但如果是放在庭院中会更加合适，生长期间不断地加土能够让大葱的底部变白。

栽培信息

难易度　　●○○○○
繁殖　　　种子、根部
浇水周期　表层土干了就需要浇满水
培育适温　15～20℃
光照度　　阳面、直射光、半阳面
推荐空间　厨房窗边、明亮的客厅、办公室、阳台等

提示

1. 大葱的种子也能栽培，但是很难在花盆中生长。将大葱的根部进行栽培，一段时间后会发现大葱叶子逐渐变长。因此，我们最好在秋后购买有根的大葱。大葱的根部可以用无土栽培，但是根部最好在刚接触到水面的地方，这样根部才会变软且不会散发难闻的气味。

2. 在韩国，大葱通常冷冻放置，是各种料理尤其是汤中不可缺少的一种蔬菜。此外，大葱也是香草的一种，有预防感冒、去除异味、促进血液循环、保护肠胃等各种功效。和大葱有类似功效的香草还有韭菜、洋葱等。

3. 使用塑料牛奶瓶、塑料瓶、泡沫盒、立体式拉链包、塑料袋等当作花盆，栽培植物时可以节省很多开支。此外，比起体积较小的塑料瓶，更深的容器会更适合。

1. 准备大葱根部

将葱叶作为食材使用，将根部单独剪掉。

2. 栽种大葱根部

将准备好的塑料瓶、塑料牛奶瓶的底部钻一个孔，装满土后埋入大葱根部。也可以使用闲置的花盆。

3. 确认新叶

如果长得快，大约两天后就可以看到新叶。

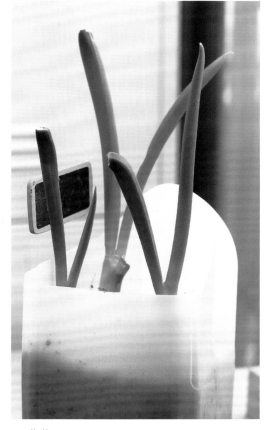

4. 收获

大约一周的时间，就能生长至图片所示的状态。如果再长出一点，可以将土上的叶子用剪刀剪掉，土里的部分也会再长出新叶子。

有嚼劲且口感
一流的

平菇

当你去烤肉店的时候，最先想吃的一定是它，而不是肉，这就是有嚼劲且口感好的平菇。如果你想要知道亲自栽培的蘑菇有多好吃，那就试一试吧。其实，想要让蘑菇一直保持充足的水分并不容易。平菇刚长出一点的时候，如果忘记打开袋子封口，就会影响它的生长。

植物信息

学名	*Pleurotus ostreatus*（侧耳）
分类	光柄菇科（菌类）
原产地	亚洲、欧洲、北美洲等
别名	侧耳
特征和功效	作为食材适合各种料理。

栽培信息

难易度	●●○○○
繁殖	菌丝
浇水周期	随时在周边洒水
培育适温	13～20℃
光照度	半阴面
推荐空间	厨房、卫生间、玄关、学习房、卧室、客厅等

提示

1. 平菇可以栽培2~3次，但是第一次栽培后，体形会越来越小。蘑菇最喜欢的季节是春天和秋天，要想在夏天和冬天种植，最好选择合适的品种。夏天可以在阴凉处种植耐高温的"黄平菇"；冬天可以在室内种植"黑平菇"。栽培时，可以用塑料盒子代替泡沫盒，底面可以直接用水代替湿报纸。如果是在卫生间栽培，注意不要让平菇接触到热气。

2. 如果家里有孩子，可以和孩子一起栽培并观察平菇生长，这对孩子的成长很有帮助。2~3次栽培后平菇就不再生长了，可以将剩余部分碾碎作为肥料使用。平菇可以在室内任何地方栽培，但是建议选择湿度较大的厨房或卫生间。

3. 成熟的平菇作为食材可以用来制作各种汤、火锅、拌菜等。平菇含有丰富的钾、矿物质、纤维素、维生素D等，对缓解疲劳、提高免疫力、减肥等十分有效。

1. 底面铺一层报纸

白天家里没有人的时候，为了保持空气湿度，需要在泡沫盒底部铺一层浸湿的报纸。在栽培平菇期间，不要让报纸变干。

2. 系紧黑色的袋子

当你购买平菇种子的时候，会在黑色袋子中发现赠送的专用培养土，将袋子系紧后放到泡沫盒中。

5. 确认平菇是否正常

刚开始的时候平菇的颜色是白色的，渐渐长大的时候会变成黑色，如果温度和湿度良好，它能在短时间内成熟。

6. 收获

当它渐渐长成珊瑚状的时候，3~5天后，平菇会越长越长，长到黑色袋子外面。当它快长到1元硬币大小的时候，就已经成熟可以收获了，要尽快食用，避免它变黄。

3. 随时洒水

向植物洒水的时候，最好保持30cm以上的高度，不要让平菇直接沾到水。或者在上面盖一层报纸，在报纸上洒水，注意一定要随时保持水分。

4. 打开黑色袋子

7~10天后，小平菇开始生长。此时为了保持空气流通，需要掀开报纸，打开黑色袋子，这样才能让它长出更好看的形状。

二次栽培和猴头菇栽培

二次栽培

首先要在黑色袋子中洒水，补足水分。将袋子密封后放到冰箱中保存一天，拿出来后再按照之前的方法栽培即可。

猴头菇栽培

食用猴头菇对缓解糖尿病症状和预防老年痴呆有一定的作用。

Home

酷似竹子的

富贵竹

植物信息

学名	*Dracaena sanderiana cv. Virens*
分类	百合科多年生、观叶植物
原产地	非洲
别名	龙血树、开运竹、万寿竹
特征和功效	对增加空气湿度和净化空气有帮助。

富贵竹虽然属于百合科，但是它绿色粗壮的茎和长长的叶子酷似竹子。其实，我并不了解富贵竹，有一次在弟弟的新婚房中发现了装饰用的富贵竹，那时才开始对其感兴趣。将富贵竹放在装满水的玻璃瓶中，即使没有其他装饰也不会显得单调，反而让人觉得周围很凉爽。富贵竹的栽培不需要太大的空间，可以直接将它放在隔板或桌子上面，这种简单的栽培方法使它备受欢迎。

栽培信息

难易度	●○○○○
繁殖	分株、插枝
浇水周期	偶尔需浇满水
培育适温	20～25℃，最低10℃
光照度	半阳面、半阴面
推荐空间	避免阳光直射

提示

1. 大家都知道富贵竹是在水中栽培的，它其实也可以在土中栽培。将它的茎或茎旁边长出来的新苗（叶子部分）剪掉后插在水中或土里，就可以繁殖。如果营养不够或在阴面种植，富贵竹的叶子会渐渐变黄，此时需要在水中放一些液体肥，并将它移至较亮的空间。如果将它放在阳光太充足的地方，它的叶子也会变黄。

2. 作为观叶植物的富贵竹一般是无土栽培，所以它对增加空气湿度、净化空气很有帮助。它可以在室内任何地方进行种植，但建议是湿度较高的厨房、明亮的卫生间等。

3. 在无土栽培的时候，往透明玻璃杯中放入一些彩色石头，将富贵竹插进去，这样看起来会更加漂亮，且更能让人觉得清爽。比起只有水的杯子，彩色石头的装饰能够让水保持更久的清洁度。如果没有彩色石头，也可以用果冻球代替。在市场里销售的富贵竹花盆中都有各种彩色石头，如果嫌麻烦，可以直接买这种。将这些石头放在鱼缸里还能修饰鱼缸。

用可循环利用品制作铁锹

1. 牛奶瓶上画出铁锹的形状

准备一个塑料牛奶瓶，在把手部位用签字笔画出铁锹的形状。塑料牛奶瓶的把手就可以当作铁锹的把手。

2. 制作牛奶瓶"铁锹"

用剪刀将签字笔画的铁锹剪下来，这就基本完成了一个简单"铁锹"。将牛奶瓶剩下的部分剪成几个三角形。

塑料瓶制作"铁锹"

如果没有牛奶瓶，可以用饮料瓶或矿泉水瓶，直接按照斜线裁剪，这样盛土会更容易。

栽培香龙血树

适用于无土栽培的观叶植物，除了富贵竹外，还有与它属相同种类的香龙血树。

叶子清爽的

袖珍椰

袖珍椰可以和许多植物在一起合植，它是一种容易栽培的观叶植物，常常出现在食堂、办公室等，袖珍椰净化空气的能力很强。

植物信息

学名	*Chamaedorea elegans*
分类	椰子科多年生、观叶植物
原产地	南美洲
别名	矮生椰子、秀丽竹节椰
特征和功效	加湿、净化空气。

栽培信息

难易度	●○○○○
繁殖	分株、种子
浇水周期	表层土干了之后需浇满水
培育适温	18～25℃，最低10℃
光照度	半阳面、半阴面、阳面
推荐空间	避免阳光直射

提示

1. 如果袖珍椰在原产地的户外空间，它能够长到1～2m，但是如果是在花盆中栽培，一般长得比较矮。它不仅能在土中培育，还能在水中栽培，且适合在水中栽培。如果在土中栽培，不要经常浇水，当发现表层土干的时候再浇水就可以了。如果能经常在叶子周边喷雾，保持空气湿度，对它的成长也有帮助。

2. 袖珍椰是一种观叶植物，它能够吸附甲醛和氨气等，起到净化空气的作用。它的耐阴性非常强，可以在室内任何地方栽培，但是在湿度大的厨房、有窗户的卫生间栽种会更合适。

3. 袖珍椰不仅可以无土栽培，还能与其他植物一起合植，也能通过剪枝修型。如果曾留意花店中销售的种子及幼苗，会发现它常常和其他植物合植。

无土栽培

1. 去除土壤

准备一个已经从土中取出的袖珍椰，先将它的根部放到水中清洗干净，尤其注意不要有残留土。

2. 准备彩石

准备无土栽培用的玻璃杯，杯中放一些彩石。将一个秧苗等分成3份，分别放在杯中进行无土栽培。

3. 放入秧苗

将3份秧苗分别放在玻璃杯中，用彩石填满杯子。向杯中注入足量的水，需要浇灌到整个根部。

轻飘纤细的

白鹤芋

　　白鹤芋最有魅力的就是它的叶子和花朵，很多时候大家都会将它联想成纤弱的女子。但是仔细了解后会发现，它白色的花瓣只是看起来像花瓣的佛焰苞，中间像棒子似的东西才是它真正的花。像白鹤芋这种有佛焰苞的观叶植物还有花烛、圣诞红等。

植物信息

学名	*Spathiphyllum wallisii*
分类	天南星科多年生、观叶植物
原产地	热带美洲
别名	白掌
特征和功效	净化空气、产生负离子。

栽培信息

难易度	●○○○○
繁殖	分株
浇水周期	表层土干了之后需浇满水
培育适温	16～25℃，最低10℃
光照度	半阳面、半阴面
推荐空间	避免阳光直射

提示

1. 白鹤芋的花会因为散播的花粉导致人吸入后会出现过敏症状，如果发现白色佛焰苞变色或开始枯萎，一定要剪掉花茎。它在阴暗的地方不易长花，所以最好放到明亮的地方栽培。偶尔在它的叶子周围喷雾以保持空气湿度。

2. 作为观叶植物的一种，白鹤芋可以去除酒精、苯、甲醛等异味，对净化空气很有帮助；不仅如此，它还能消除腥味、释放负离子、吸收电磁波。此外，白鹤芋叶子尾部的水滴有加湿的功效，但是毒性很大，不要食用。白鹤芋的耐阴性非常强，可以在室内任何地方栽种，但是建议在湿度较高的厨房、有窗户的卫生间等地方栽培，同样也适用无土栽培。

利用合成桶

1. 准备一个合成桶

如果植物不能立刻进行换盆，且你对目前的花盆不满意，可以试一试合成桶。

2. 粘贴胶带

合成桶可以直接使用，也可以在桶的边缘处粘贴彩色胶带，这样会带给人一种别样的感觉。

3. 放到花盆中

选择合适的尺寸后，将白鹤芋原来的花盆放入合成桶中。

花烛

这是和白鹤芋类似的观叶植物，栽培方法可以参考白鹤芋。

散发可爱魅力的

白蝴蝶

关于白蝴蝶，我认为是任何一个初学者都能轻松栽培的观叶植物。它抵御病虫害的能力非常强，适合无土栽培，且在阴凉处也能正常生长。虽然栽培方法简单，但是成活率也无法达到100%。例如在给白蝴蝶浇水的时候，那些我们肉眼看不到的叶子可能就忘记浇水了，致使这些叶子渐渐枯萎。当你发现有枯萎叶子的时候，浇水的时候要格外注意这些隐蔽的地方，并且将枯萎的叶子清除干净，这样才能长出新的叶子。一定要记住，无论是多么容易栽培的植物，都要细心照料。

植物信息

学名　　　　　*Syngonium podophyllum*
分类　　　　　天南星科多年生、观叶植物
原产地　　　　热带美洲
别名　　　　　箭叶芋、花蝴蝶
特征和功效　　能够去除氨气。

栽培信息

难易度　　　　●○○○○
繁殖　　　　　分株、插枝
浇水周期　　　表层土干了之后需浇满水
培育适温　　　20～25℃，最低10℃
光照度　　　　半阳面、半阴面
推荐空间　　　避免阳光直射

提示

1. 白蝴蝶是一种藤蔓植物，表层上面的叶子长得较低且茂盛。偶尔在叶子周围喷雾保持空气湿度，这对栽培白蝴蝶很有好处。如果它的叶子变黄，需要立刻将其剪掉。

2. 白蝴蝶净化空气能力尤为卓越。它对去除甲醛、氨气以及厨房中做饭时产生的一氧化碳等非常有效，且有加湿的功效。白蝴蝶可以在室内任何地方种植，但是湿度较高的厨房、明亮的卫生间最合适。

3. 白蝴蝶是一个既可以用土栽培也可以用水栽培的观叶植物。如果是无土栽培，可以在玻璃杯中放入彩石、水凝球、果冻球等。

利用果冻球

1. 去除土壤
将白蝴蝶从土中取出，并将它根部的土抖落干净，最好放到水中清洗干净。

2. 准备果冻球
果冻球就像是蚯蚓的卵一样，将它放到水中浸泡几个小时，直到它渐渐膨胀起来。再将它放到栽培白蝴蝶的玻璃杯中。

3. 放入秧苗
在果冻球上面放入清洗干净的秧苗，果冻球含有水分，能够给根部补充水分。

4. 装满果冻球
在杯中装满果冻球后，需要在上面浇水以保持充足的水分。如果水分不足，或放置之后照顾不细致，果冻球会渐渐缩小，甚至变回当初的大小。

厨房挚友
绿萝

植物信息

学名	*Scindapusus（=Epipremnum）aureus*
分类	天南星科多年生、观叶植物
原产地	所罗门群岛
别名	魔鬼藤、黄金葛、黄金藤、桑叶
特征和功效	加湿、净化空气的功效十分卓越。

　　当我开始在花盆中栽培植物的时候，第一个接触到的就是绿萝。小时候在济州岛生活的时候，一般都是在庭院空地中栽培植物，将绿萝移至花盆中还是第一次。当时在室外能够抵抗寒冷冬季的植物，现在将它们放到室内栽培，能够长得更好，这也是我没有想到的。现在我栽培的绿萝一般会放在阴凉的厨房隔板上，起初我担心阳光不足会长不好，但是现在它已经长得枝繁叶茂，体积也变为原来的两倍，这让我很欣慰。

栽培信息

难易度	●○○○○
繁殖	插枝、压枝
浇水周期	表层土干了之后需浇满水
培育适温	16~30℃，最低10℃
光照度	半阳面、半阴面
推荐空间	避免阳光直射

提示

1. 绿萝也可以在阳光不足的地方生长，但是如果一直生长在阴面，叶子上面的花纹会渐渐消失，所以最好将它们放在光照条件好的地方。偶尔在叶子周边喷雾能够保证空气湿度。

2. 绿萝能够吸收厨房里因烹饪产生的一氧化碳，释放负离子、吸收电磁波。绿萝是一种净化空气能力非常强的观叶植物。绿萝可以在室内任何地方栽培，但是建议在湿度大、光照好的厨房。

3. 绿萝的毒性很强，注意不要随便食用。

4. 绿萝的茎会长得很快，所以放在隔板的最上层、冰箱上面等地方较合适。如果将它放在悬挂式花盆中，随着茎叶越来越长，它会长得更漂亮。如果在墙上钉上钉子，或粘上挂钩，使其茎叶沿着墙壁生长，正好装饰了墙壁。绿萝可以无土栽培，也可以修型。

繁殖

1. 确认茎的根部
好好照料绿萝的茎，直到确认它的根部长出来。根部接触到地面后会压枝。

2. 剪茎
将有根的茎剪掉然后进行插枝，也能快速繁殖。

3. 插枝
将剪下来的茎放到水或土中，就能立刻长出新叶子的新根。绿萝是非常适合无土栽培的。

别名兔脚的

杯盖阴石蕨

　　每当看到土上面白色的鳞茎时，常常将它误认为是杯盖阴石蕨的根，其实它的根在土壤里面。在栽培杯盖阴石蕨的时候，如果想要让它的鳞茎长出来包围住花盆，可以将它移至叶子皮悬挂花盆。杯盖阴石蕨的生长速度较慢，在你悉心照料杯盖阴石蕨一段时间后，它的鳞茎会不知不觉长出来。它不会像波士顿蕨、肾蕨那样长得很茂盛，新叶生长的速度较缓慢，但是白色的鳞茎却独具魅力。

植物信息

学名	*Davallia (=Humata) griffithiana*
分类	骨碎补科多年生、观叶植物
原产地	东南亚
别名	骨碎补、阴石蕨、兔脚蕨、狼尾蕨
特征和功效	它的茎叶酷似动物的尾部，是一种很有魅力的蕨菜。

栽培信息

难易度	●○○○○
繁殖	分株、孢子
浇水周期	表层土干了之后需浇满水
培育适温	15～30℃，最低5℃
光照度	半阳面、半阴面
推荐空间	明亮的厨房、客厅、办公室、阳台和窗边，避免阳光直射

提示

1. 虽然杯盖阴石蕨能够在阴凉处生长，但是最好将其放置明亮的空间中。大家一定要注意，如果长时间在阳光强烈的地方，它的叶子会枯萎。杯盖阴石蕨喜欢湿度大的环境，在其周围喷水能够提高空气湿度。

2. 杯盖阴石蕨是一种能够去除甲醛、净化空气的观叶植物。蕨类植物中，它是孢子繁殖最具代表性的植物。它能够在室内任何地方种植，尤其适合湿度大、光照好的厨房。

3. 杯盖阴石蕨又被称为骨碎补，白色的鳞茎经常被用作药材治疗牙痛、骨质疏松、腹泻等，还有止血的功效。但是，如果你不了解它，请不要随便尝试。

4. 白色的鳞茎部分常常长到花盆外面，可以将花盆换为悬挂式花盆，这样更有利于它们生长。如果将杯盖阴石蕨放到岩石、树木中栽培，还能培育出石雕和木雕。

换盆悬挂式花盆

1. 分离秧苗

在褐色的花盆中将秧苗挑拣出来，杯盖阴石蕨喜欢湿度大的环境，根部过度潮湿后会变软，所以需要铺一层小石子作为排水层。

2. 移植

在花盆土中混入40%的小石子，埋进杯盖阴石蕨。当土上出现白色鳞茎的时候，就说明它已经开始繁殖，这就是新叶繁殖。它的鳞茎很像人们常吃的蕨菜芽。

3. 确认鳞茎

随着时间的推移，白色鳞茎会将整个花盆包裹住，如果是种在岩石和树中，当鳞茎包围周边的时候，看起来会更别致。

栽培圆盖阴石蕨

杯盖阴石蕨的鳞茎就像动物的尾巴一样长；与它外形类似的圆盖阴石蕨，它的鳞茎就像动物的脚一样，有各种分叉。

让人联想到仿制植物的

肾蕨

　　蕨类植物一般在阴凉处也能生长，且喜欢湿度大的环境。与其他蕨类相比，它更耐干燥，所以栽培起来会比较容易。肾蕨的净化空气能力也十分优越，与波士顿蕨十分相似。它们都属于肾蕨科，但是肾蕨的叶子更圆，叶子比波士顿蕨小。

植物信息

学名	*Nephrolepis cordifolia*
分类	骨碎补科多年生、观叶植物
原产地	热带、亚热带
别名	圆羊齿、篦子草、凤凰蛋
特征和功效	净化空气。

栽培信息

难易度	●○○○○
繁殖	分株、孢子
浇水周期	表层土干了之后需浇满水
培育适温	15～25℃，最低5℃
光照度	半阳面、半阴面
推荐空间	明亮的厨房、客厅、办公室、阳台和窗边，避免阳光直射

提示

1. 肾蕨能够在阴凉处生长，但是最适合在阳光不强的明亮空间中栽培。偶尔在叶子周边喷少量水保持空气湿度即可，因为与其他蕨类相比它更耐干燥。

2. 肾蕨是一种能够去除甲醛、净化空气的观叶植物，繁殖方式是蕨类中具有代表性的孢子繁殖。它能够在室内任何地方生长，尤其适合在湿度大的厨房、有窗户的卫生间等。

3. 肾蕨可以放在一般花盆中进行栽培，可以将其放在隔板或桌子上面。但是如果想要叶子长到花盆外面，可以试试悬挂式花盆，这样更有利于它生长。

换盆

1. 繁殖

肾蕨没有像杯盖阴石蕨那样的白色鳞茎，它的茎是草绿色的，且通过孢子进行繁殖。

2. 确认叶子生长状态

在肾蕨细长的叶柄上会长出圆圆的叶子，这一点需要我们去确认。

3. 准备换盆

将原花盆中的秧苗分离开来并移送至新准备好的花盆中。

4. 换盆

在新花盆底面铺一层小石子，在上面的土中混入30%~40%的小石子，再插入肾蕨秧苗。

第三部分

在卧室、书房栽培的植物

这一部分将介绍适合在光照不强的卧室、书房空间中栽培的植物。

在半阴面也能生长的观叶植物，通常会放在桌子上栽培。

炭中生长的
风兰

植物信息

学名	*Neofinetia falcata*
分类	兰草科多年生、观叶植物
原产地	韩国、日本
别名	小叶风兰
特征和功效	加湿、净化空气能力卓越。

　　我第一次开始栽培植物是独自在外租房的时候，当时是在一个一人间中，一边独自生活一边栽培植物，大约持续了1年的时间。当时采购的植物中就有风兰，将在炭中种植的风兰取出来，能够直接吸收房间中的湿气。但是常常不到1～2周就渐渐枯萎了。现在我栽培的风兰已经存活一年了，没有病虫害，叶子也没有枯萎。这也是我后来才明白的，其实，当时的风兰即使在阳光不足、水苔干涸的情况也能顽强生长，但是我却常常浇水，过分潮湿的生长环境反而导致其枯萎。

栽培信息

难易度	●○○○○
繁殖	分株、种子
浇水周期	时刻保持水苔潮湿
开花时期	6～7月
培育适温	20～25℃，最低5℃
光照度	半阳面、半阴面
推荐空间	避免阳光直射

提示

1. 在我的印象中，风兰一直紧贴着树木或岩石生长，又被称为"寄生卵"，它的根不在土里，而是从水苔中长出来。因此，当水苔干涸的时候，就需要在上面浇水，使其根部不会干枯。但是如果过量浇水也会滋生霉菌或根部损害，在潮湿的梅雨季，需要减少浇水的次数。夏天的时候将风兰放到光照好的地方，就能看到它开花。

2. 风兰和指甲兰可吸附甲醛，且有加湿、净化空气的功效。

3. 风兰和指甲兰可以依附石头、木头、炭等生长，只要将风兰的根直接放到炭、树木、石头等上面，长出来的植物就是一个风兰作品。

小叶风兰可以依附在树木或石头上生长，体形比一般的兰草要小。

寻找风兰的类似品种

指甲兰

指甲兰又被称为"大叶风兰"，与一般风兰不同，叶子是椭圆形的，但是栽培方法和风兰一样。

指甲兰的花

指甲兰和风兰体形较小，都能开出香气宜人的白色花。指甲兰的花瓣上有紫色的花纹，但是风兰的花瓣上没有花纹。此外，风兰的花瓣更细长。

蝴蝶兰

蝴蝶兰的叶子与指甲兰相似，但是比它们大，它的花就像蝴蝶一样绚丽夺目。

冬天的炽热果实

紫金牛

在冬天能够结出红彤彤的果实，尤其是在圣诞节前后红色的果实格外耀眼，这就是观叶植物紫金牛、百两金、珊瑚树。它们同属于紫金牛科，模样相似，栽培方法也相同。我对这种红色果实也很着迷，在初冬的时候就去花卉市场采购，但是被告知那种结红色果实的秧苗需要到11月才会有，于是我在网上买了几株带有草绿色果实的紫金牛秧苗。紫金牛草绿色的果实会渐渐变成白色，然后渐渐成熟变成红色，这种现象也让我很惊奇。

植物信息

学名	*Ardisia japonica*
分类	紫金牛科多年生、观叶植物
原产地	韩国（济州岛、南部海边、郁陵岛）
别名	千两金、矮茶、矮脚樟茶
特征和功效	释放负离子、净化空气。

栽培信息

难易度	●○○○○
繁殖	插枝、种子、分株
浇水周期	表层土干了之后需要浇水
开花时期	6月（结果实是9月之后）
培育适温	10～25℃，最低5℃
光照度	半阳面、半阴面
推荐空间	避免阳光直射

提示

1. 紫金牛成熟红色的果实能够在枝头挂很久，春天或者当果实红色表皮干枯时，可将它们摘下来种在土里。埋在土里的果实长出新苗需要1~3个月，刚开始的时候它的生长速度很慢，但是你能够体验到从播种到收获的乐趣。从种子长到逐渐成熟的秧苗，需要3~4年，此时需要在周边喷雾维持空气湿度以促进生长。

2. 紫金牛是一种有去除苯、加湿、净化空气功效的观叶植物。只要没有阳光直射，可以在室内任何地方栽培。它可以释放负离子、吸收电磁波，所以很适合放在学习房、书房等地方。

3. 紫金牛可以作为观赏用，它的叶子和茎可以作为药材，对解毒、治疗咳嗽、利尿等有帮助。

4. 紫金牛可以修型，适用于无土栽培。

紫金牛的果实

紫金牛红色的果实可以从初秋到晚春一直挂在蒂上，放在阳台可以作装饰用。如果夏天结了果实，也有利于秋天再结新果实。

红色果实三剑客

珊瑚树

它也可以结出红色的果实，相比紫金牛，它的叶子边缘是尖尖的。珊瑚树的种类有2种，有草绿色叶子的珊瑚树，也有叶子上有花纹的花纹珊瑚树。

百两金

它和紫金牛一样能够结出红色的果实，但是它的叶子边缘是圆圆的，这一点与紫金牛不一样。百两金因花语"有德的人、财富、财产"被人们所熟知。

圣诞红

圣诞红常常在寒冷的冬季开花，尤其是在圣诞节期间非常常见。可净化空气。

叶子独具魅力的

洋常春藤

植物信息

学名	*Hedera helix*
分类	五加科多年生、观叶植物
原产地	欧洲、北美洲等
别名	西洋常春藤
特征和功效	释放阴离子、净化空气、加湿。

　　小时候，我常常不能理解为什么要将洋常春藤放在花盆里培育。这是因为我常去的柑橘地里，在阴凉角落处的石头就能发现洋常春藤叶子。10年后，这种植物作为洋常春藤种类而被人们所熟知。我小时候对洋常春藤很喜爱，正好我的一个朋友将它作为礼物送给我后，我更是对它爱不释手。我栽培的洋常春藤没有任何病虫害，在阴凉处茁壮生长，即使用无土栽培也能长得很好。

栽培信息

难易度	●○○○○
繁殖	压枝、插枝
浇水周期	表层土干了之后需要浇水
培育适温	15～25℃，最低5℃
光照度	半阳面、半阴面
推荐空间	避免阳光直射

提示

1. 如果是有花纹的洋常春藤，将它放在阴凉处栽培，花纹会渐渐消失。因此，想要留住鲜艳的花纹，最好将这种品种放在阳光温和的地方，偶尔在洋常春藤叶子周围喷雾保持空气中的水分。如果是在半阴面栽培的洋常春藤，它的土不会那么容易干涸，但是如果土中混入30%～40%的小石子，那么要注意水分流失的情况。

2. 洋常春藤是一种能够去除甲醛，有助于空气变得湿润的观叶植物。洋常春藤可以在室内任何空间培育，能够释放负离子、吸收电磁波，非常适合在学习房、书房、咖啡店等地栽培。

3. 洋常春藤对缓解神经痛、治疗感冒等很有帮助，可以作为药材使用，但是它也有毒性，所以应慎用。

4. 洋常春藤适合种植在隔板的最上层，或是悬挂式隔板上，如果是悬挂式花盆，那么它渐渐长长的茎叶垂下来的样子会更加好看。如果不喜欢茎向下垂，可以将它立在支柱或支架上。洋常春藤适合无土栽培，可以和其他植物一起合植，也可以修形。

无土栽培

花纹洋常春藤
它的叶子边缘呈白色，在阳光不足的地方花纹会逐渐消失，所以栽培没有花纹的洋常春藤会更加容易。

1. 准备茎叶
将洋常春藤的茎剪下来。其实也可以将整个洋常春藤进行无土栽培，但是直接用剪下来的茎叶更合适。

2. 填满装饰石
准备一个小玻璃瓶，在玻璃瓶底部铺上一层彩石，也可以是水凝球。玻璃瓶中只要有水就可以无土栽培，但需要经常换水。

3. 插茎
在玻璃瓶中插入洋常春藤的茎，在周边填满彩石，以便固定茎叶，然后盛满清水。我们需要常常观察水的状态，经常给它换干净的水。

室内生长的
白脉椒草

　　在椒草种类中，西瓜皮椒草、霍利椒草、杏仁椒草长得十分相似。我之前收到的礼物中就有杏仁椒草，但是因为商家将植物名牌挂错了，所以我收到的其实是西瓜皮椒草。我将它放在厨房栽培，听朋友说，它能够在阴凉的地方生长，但还是发生了意料之外的事情。椒草本来长得很好，不知从什么时候起叶子突然开始脱落，而且叶子上都长了圆圆的褐色斑点，应该是染了炭疽病。于是我将它生病的叶子和茎都剪掉了，只留下了部分好的茎重新栽培，但是一直也没有长出新苗，还好一个月后重新长出了新苗。

植物信息

学名	*Peperomia puteolata*
分类	胡椒科多年生、观叶植物
原产地	南非、热带亚洲
别名	椒草
特征和功效	晚上能够吸收二氧化碳释放氧气。

栽培信息

难易度	●○○○○
繁殖	插茎、插叶
浇水周期	观察里层土壤干涸后需浇满水
培育适温	20～25℃，最低10℃
光照度	半阳面、半阴面
推荐空间	避免阳光直射

提示

1. 白脉椒草的叶子属于多肉类，经常浇水会导致过分潮湿，所以浇水之前需要先确认土壤里层是不是已经干涸，或是观察叶子是否枯萎，如果有类似现象出现表明植物缺水。此外，需要在土中混入40%的小石子，对维持土壤水分有帮助。白脉椒草的耐阴性很强，能够在阴凉处生长，尽量避免阳光直射，如果是阳光温和的地方会有利于它生长。当你发现叶子末端突然变得很长，不要惊讶，这是比较正常的生长现象。

2. 白脉椒草是一种能够去除致癌物质甲醛、二甲苯、净化空气的观叶植物。它的叶子是多肉性质的，能够吸收二氧化碳并释放氧气，所以非常适合在卧室种植。

3. 白脉椒草的叶子和茎会长到花盆外面，看起来会很茂盛。此外，它适合修型，也适合与其他植物一起合植。

白脉椒草的种类

西瓜皮椒草
它最大的特征就是叶子上有与西瓜皮相似的花纹，并且与杏仁椒草长得很像。

皱叶椒草
皱叶椒草和青叶椒草相似，叶子都比较大，且叶子边缘处呈现红色。

霍利椒草插枝
单独将霍利椒草的茎和叶子剪下可以进行插枝，椒草的任意品种都适合插枝。

霍利椒草
与西瓜皮椒草不同，霍利椒草叶子上的条纹呈现竖条形，叶子颜色也比较淡。

椒草的花
椒草的花长得很长，它的形态可能让人觉得并不像花。

吸收电磁波的
虎尾兰

植物信息

学名	*Sansevieria trifasciata*
分类	百合科多年生、多肉植物
原产地	非洲、印度
别名	虎皮兰、千岁兰
特征和功效	产生负离子和氧气，减少电磁波影响。

虎尾兰由于能够释放负离子、吸收电脑产生的电磁波而深受大家的喜爱。当我开始栽培植物的时候就决定要买一株虎尾兰放在电脑旁边吸收辐射，最近听说有一种"石笔虎尾兰"吸收电离射线的效果更好，且非常受欢迎。但是因为它的价格比较贵，所以我还是买了一般的虎尾兰。它的花盆里铺了一层仿造的苔藓，我不喜欢这种仿造苔藓，于是将它移到玻璃瓶中无土栽培，并且在瓶子中放了一些彩石。大家可以根据自己的喜好装饰花盆，如果不喜欢用彩石装饰，也可以换成其他的。

栽培信息

难易度	●○○○○
繁殖	插叶、分株
浇水周期	观察里层土壤干涸后需浇满水
培育适温	16~30℃，最低10℃
光照度	半阳面、半阴面、阳面
推荐空间	避免阳光直射

提示

1. 虎尾兰在半阴面也能够生长，但是最好将它放到阳光温和的地方，注意不要让阳光直射，否则它的叶子很快就会枯萎。一个月浇一次水就可以了，它的耐干燥性非常强，如果经常浇水会造成内部过分潮湿，当然如果在土中混入50%以上的小石子，对水分流出很有帮助。如果是插叶繁殖，新长出来的秧苗与之前不同，边缘的黄色花纹（覆轮）会消失。如果是小石笔虎尾兰的秧苗，常常直接将叶子插在花盆中销售，买回来之后根部会慢慢长出新的秧苗。

2. 虎尾兰对去除甲醛、净化空气等非常有效，并且能够释放负离子、吸收电磁波，晚上的时候能够吸收二氧化碳、释放氧气，非常适合在卧室、学习房等地栽培。如果是在虎尾兰的原产地，它的叶片纤维也能有其他用途。

繁殖

1. 剪叶子

如果是竖着将叶子撕开，不利于植物生长，所以我们最好从最下面开始剪下来。

2. 埋入土中

虎尾兰可以通过插叶进行繁殖，将5～10cm的叶子剪下后放置两周左右，使其完全干燥，然后再放回土中。

3. 确认新叶生长状态

叶子剪下来后的地方会重新长出新叶子，填补空缺。如果虎尾兰能够栽培5年以上，还能看到它开花。

石笔虎尾兰

与一般的虎尾兰相比，石笔虎尾兰可释放出更多的负离子，因此受到许多人的喜爱。它的叶子就像长角一样，这也是它最独特的地方。

绯牡丹

作为仙人掌的一种，绯牡丹草绿色的"三角洲"上"盛开着"红色、黄色等色彩华丽的"红牡丹"。韩国的绯牡丹种植量占全世界的70%以上。绯牡丹不含叶绿素，无法进行光合作用，只能依附其他植物存活。但是很可惜，

与绯牡丹嫁接的仙人掌三角洲无法再生长，所以它并不是多年生植物，只能存活两年左右。仙人掌三角洲上面部分和绯牡丹的下面部分嫁接时会掉落，我常常将它们像包装礼物一样绑在一起。

植物信息

学名	*Gymnocalycium mihanovichii*
分类	仙人掌科、多肉植物（主要生存两年）
别名	红牡丹、嫁接仙人掌、牡丹玉
特征和功效	产生负离子和氧气，减少电磁波影响。

栽培信息

难易度	●○○○○
繁殖	嫁接
浇水周期	观察里层土壤干涸后需浇满水
培育适温	25～30℃，最低10℃
光照度	半阳面、半阴面、阳面
推荐空间	避免阳光直射

提示

1. 一般情况下，当确认到里层土也干涸了时候才可以浇水，或是轻轻触摸仙人掌的叶片，发现比较干的时候也可以浇水。但是在潮湿的梅雨季、休眠的寒冷冬季需要减少浇水的次数，一个月浇一次就可以了。换盆的时候，可以在土中混入50%～70%的小石子，有助于保证土壤中水分比例适中。大部分的仙人掌在换盆后最好不要立刻浇水。此外，仙人掌需在通风好、光照好的地方栽培，且应避免阳光直射。

2. 绯牡丹能够释放负离子、吸收电磁波，夜晚能够吸收二氧化碳、释放氧气。它可以在室内任何地方种植，由于体积小、吸辐射能力强，一般比较适合放在卧室、书房、咖啡店、办公室等的桌子上、隔板上等地方。

3. 绯牡丹可以和2～3种植物合植，它不仅可以和同类仙人掌合植，也可以和其他多肉植物合植。

制作黑板名牌

1. 准备木箱子
准备一个不易生霉菌的箱子，选择一块剪成四方形。

2. 粘贴树枝
在剪下来的木板背后，用木工胶水或胶枪粘贴一个树枝。将木板前面漆成白色，如果木板很干净，也可以不用涂漆。

3. 粘贴遮蔽胶带
在木板的周围贴上遮蔽胶带，中间涂成黑色。

4. 喷青漆
待黑色漆干了之后，撕下遮蔽胶带，将木板、树枝等全部喷上青漆，最后用粉笔写上植物的名字。

酷似蟹脚的
蟹爪兰

　　我之前在公司栽种过蟹爪兰，它就像仙人掌一样，一周浇一次水即可，这一点还让我很新奇。我现在种植的仙人指与蟹爪兰很相似，很难区分。仙人指的叶子与蟹爪兰相似，但是它的花比蟹爪兰更加华丽，且叶子边缘呈尖状。此外，蟹爪兰春天开花，仙人指在晚秋、初冬开花。最近，市场出现了很多仙人指和蟹爪兰的改良品种，很难区分，统一将它们称为"蟹爪兰"。仙人指通常会在圣诞节前后开花，又被称为"圣诞节仙人掌"。

植物信息

学名	*Schlumbergera truncate*
分类	仙人掌科多年生、多肉植物
原产地	巴西
别名	蟹爪、圣诞仙人掌
特征和功效	净化空气、晚上吸收二氧化碳。

栽培信息

难易度	●○○○○
繁殖	插叶、种子
浇水周期	观察里层土壤干涸后需浇满水
开花时期	11～12月、4～6月
培育适温	15～25℃，最低5℃
光照度	半阳面、阳面、半阴面
推荐空间	避免阳光直射

提示

1. 蟹爪兰耐干燥，换盆的时候在土里混入40%以上的小石子，有助于保证土壤中水分适中。但是与其他多肉植物相比，蟹爪兰更依赖水分，所以在发现土壤内部干涸，或是叶子开始干枯的时候就需要浇水。尤其是当它开花的时候，更要经常浇水。平时可以在叶子周边喷雾保持空气中的水分。
2. 蟹爪兰是一个净化空气能力强的可观赏多肉植物。它可以释放负离子、吸收电磁波、晚上的时候能够吸收二氧化碳、释放氧气，非常适合放在卧室、书房。
3. 蟹爪兰的叶子会渐渐长长并长到花盆外面，最好不要用小的或轻的花盆，用那种较深的花盆比较好，以便可以支撑它向上长。

繁殖

1. 插入土中

将剪刀沿着叶子的脉络剪下来，放置1~2天晾干，在土中混入小石子后放在阴凉处。另外，有些叶子上有2~3条脉络，按照相同的方法沿着脉络修剪。

2. 确认根部是否成活

当土壤内部变干的时候需要浇水，3周左右就能长出根。如果不想要挖开土查看，也可以等它长出新苗的时候，判定是否成活。

3. 确认新叶生长状态

6个月左右就开始长出先叶子，但有时候也会受到气温的影响，可能还需要再等几个月。长出新叶子后，成熟的速度就会更快。

4. 确认仙人指的花

仙人指的花很漂亮，它的花期一般是晚秋到初冬。

与蟹爪兰的花做比较

仔细观察，蟹爪兰和仙人指的花是有差异的。

第四部分

在客厅、办公室栽培的植物

虽然办公室属于阳光不充足的空间，但是白天将玄关处的灯打开有利于栽培植物。
这部分将介绍在客厅、办公室较明亮的某处空间适宜栽培的植物。

吸引眼球的大植物或容易照料的植物。

茎越长越有魅力的

球兰

植物信息

学名	*Hoya carnosa*
分类	萝藦科多年生、观叶植物
原产地	东南亚、澳大利亚
特征和功效	能够去除二甲苯。

栽培信息

难易度	●○○○○
繁殖	插枝
浇水周期	土壤里层干涸后的几天再浇满水
开花时期	5~9月
培育适温	16~25℃，最低5℃
光照度	半阳面、半阴面、阳面
推荐空间	避免阳光直射

在观赏类植物中，我最喜欢的就是藤蔓茎叶植物。球兰不仅有藤蔓茎叶，叶子上还有独特的花纹，深得我的喜爱。球兰最大的优点就是叶子是多肉类型的，不需要经常浇水，且在半阴面也能顽强生长。市场上销售的心叶球兰只有花和叶子，且叶子插在土中；实际上，正常情况下球兰都应该有藤蔓茎叶。像心叶球兰这种植物通过花和叶子长出新根，但是不会长出新苗，也无法正常生长。因此，如果想要繁殖，还是需要将茎剪下来埋在土中才行。

提示

1. 球兰的叶子属于多肉类，但是它比多肉植物更需要水分，所以一旦发现叶子有干枯的现象就要立刻浇水。平时需要在叶子周边喷雾，提高空气的湿度。球兰也可以像心叶球兰一样只将叶子插入土中，但是这种方式只能长出新根，不能繁殖。

2. 作为一种观叶植物，球兰能够去除二甲苯，对净化空气很有帮助。它可以在室内任何地方栽培，最好将它放到客厅中阳光较温和的地方，或是阳台隔板、悬挂式隔板上，这样能保证它开花。

3. 如果不喜欢它的茎向下垂，可以在花盆旁立一个支架。相比一般花盆，球兰更适合在悬挂式花盆中栽培。修型和合植也适合球兰。

换盆至奶粉桶

1. 底部钻孔

用锥子在奶粉桶底部钻几个孔，也可以用钉子或钻子。

3. 球兰开花

球兰生长期为三年，且一直在阳光温和区栽培。球兰开过一次花后，第二年会在相同的地方再次开花。如果想要在第二年看到球兰开花，就需要对其进行剪枝。

2. 种秧苗

将植物根部的土轻轻抖落并将秧苗分离开来，需要在土中混入50%以上的小石子，使土壤中水分保持适中。

心叶球兰

它是球兰的一种，和球兰一样有茎，但是市售心叶球兰只能看到叶子，很难看到茎。心叶球兰通过土中的叶子长出新根，不能繁殖。

**爱心如瀑布式
增长的**

爱之蔓

在阳台上的众多植物中，最适合新婚夫妇栽种的就是爱之蔓。我刚买回它的时候，它的茎都长到了花盆外面，且都呈现出卷曲状，部分还干枯了，当时我花费了不少精力栽培它，一段时间后茎和叶子竟如瀑布般垂下来。爱之蔓的花很小，不像叶子那样夺目，但是它特别的模样也令人惊喜。爱之蔓可以在半阴面生长，即使叶子枯萎了，只要土中的球根有生命，就一定会再长出新叶子。正因为爱之蔓的这种易栽培的特性，非常适合新手栽种。

植物信息

学名	*Ceropegia woodii*
分类	萝藦科多年生、观叶植物
原产地	南非
别名	吊金钱、心蔓
特征和功效	净化空气。

栽培信息

难易度	●○○○○
繁殖	球根、插枝、压枝、种子
浇水周期	土壤里层干涸后的几天再浇满水
培育适温	16～25℃，最低5℃
光照度	半阳面、半阴面、阳面
推荐空间	客厅、办公室、阳台或窗边等，避免阳光直射

提示

1. 爱之蔓的生长环境不能潮湿，在换盆的时候需要在土中混入40%～50%的小石子。但它又比一般多肉植物需要更多水，所以发现叶子干枯后就要立刻浇水。平时可以在叶子周围喷雾，保持空气中的水分。

2. 爱之蔓是一种能够净化空气的观叶植物。它能够在半阴面生长，但阳光较温和的地方更有利于它的生长，像没有阳光直射的客厅、阳台、窗边等非常合适。

3. 爱之蔓的茎会越长越长，适合放在隔板的最高层或悬挂式隔板上栽培。如果不喜欢它的茎向下垂，可以在花盆旁边立一个支架。相比一般花盆，爱之蔓更适合在悬挂式花盆中栽培，这样才能看到它最有魅力的地方。

繁殖

1. 剪茎

如果通过剪枝来繁殖，需将它健康的藤蔓茎叶剪下来。

2. 水中插入茎

将剪下来的茎下面叶子清理干净，并将其放到装满水的瓶子中。插枝如果成功，茎末端会长出新根。

3. 确认花

爱之蔓因为心形叶子而被大众所熟知。它的花呈葫芦形。每当看到它的花，我常常会联系到紫色的天鹅绒。

4. 球根繁殖

球根植物爱之蔓，将它埋在土中的部分球根取出再种植，或是将茎上的零余子与茎一起剪下来合种也能够繁殖。

叶子尾部不定芽繁殖的

大叶落地生根

伽蓝菜属的大叶落地生根和花草一样，不需要过多浇水，在半阴面也能生长。它的繁殖能力很强，叶子尾部长出的不定芽常常掉落到表层土上，能够布满整个土壤表面。像大叶落地生根这种用不定芽繁殖的方法又被称为"出芽法"，这种出芽方式很有代表性。通过出芽法进行繁殖的伽蓝菜属有大叶落地生根、万生草、锦蝶等。其中，叶子细长的锦蝶较容易区分，但是大叶落地生根和万孙草却很难区分。其实，大叶落地生根的叶子上有像西瓜表皮一样的花纹，但是万孙草没有。

植物信息

学名	*Kalanchoe daigremontiana*
分类	景天科多年生、多肉植物
原产地	马达加斯加
别名	宽叶落地生根、落地生根
特征和功效	晚上可以吸收二氧化碳、释放氧气。

栽培信息

难易度	●○○○○
繁殖	栽培不定芽
浇水周期	发现土壤里层干涸后浇满水
培育适温	15～25℃，最低5℃
光照度	半阳面、半阴面、阳面
推荐空间	客厅、办公室、阳台或窗边等

提示

1. 大叶落地生根属于多肉植物，耐干燥性较强，不会轻易干涸。如果是放在阴凉处，为了防止其疯长，需要在叶子稍微枯萎的时候浇水；如果在阳光充足处，要等土壤内部干了之后再浇水。另外，需要在土中混入40%以上的小石子，可保证土壤中合适的水含量。栽培的时候，可以将它放在大小适中的花盆中，并在阳光较温和的地方栽培，有助于它开花。

2. 大叶落地生根是一种可观赏的多肉植物，晚上能够吸收二氧化碳并释放氧气，对净化空气很有帮助。它能够在半阴面生长，如果是阳光较温和的地方会长得更好，例如客厅、阳台、窗边、办公室等。

观察不定芽

1. 确认不定芽

大叶落地生根通过不定芽进行繁殖，不定芽指的是叶子尾部长出的群聚性的芽。随着时间的增长，不定芽也能生根。大叶落地生根又被称为"千孙草"，据说能"长出千个子孙"。正是因为这种寓意，期盼怀孕的人们常常选择它来栽培。

2. 不定芽繁殖

叶子上面的不定芽轻轻一碰就会掉下去，掉到土上的不定芽进入土中会再生长。如果想要不定芽长得更大一些，就需要将它分离出来单独栽培。

不像橡胶树的

薜荔

薜荔虽然是橡胶树品种，但是和橡胶树完全不像，它的茎非常长，是一种观叶植物。朋友买了两株薜荔，将其中一株拿到我们家来交换了其他植物，所以我也开始栽培。听花卉市场销售老板说，这种植物需要几年时间才能长得很茂盛，但是我栽培的这个没有发生过病虫害，且几个月时间就长得很茂盛，布满整个花盆。我的朋友听信了老板的错误信息，他栽培的薜荔没过多久就枯萎了，最后开始用无土栽培的方式。在栽培薜荔期间，我并没有给它额外施肥，只是浇水，一年过去了依旧长得很好。

植物信息

学名	*Ficus pumila*
分类	桑科多年生、观叶植物
原产地	东亚
别名	凉粉子、木莲、凉粉果
特征和功效	净化空气。

栽培信息

难易度	●○○○○	光照度	半阳面、半阴面、阳面
繁殖	插枝、压枝	推荐空间	客厅、办公室、阳台或窗边等，避免
浇水周期	表层土干了后需浇满水		阳光直射
培育适温	16~30℃，最低5℃		

提示

1. 薜荔可以在半阴面栽培，但是如果是在非常阴凉的环境，它叶子上的花纹会渐渐消失，最好将它放到明亮的空间或阳光较温和的地方。但是需要注意的是，阳光太强或直射会将叶子烤焦。平时在叶子周边喷雾有利于提高空气的湿度。

2. 以前我们可以从橡胶树中提取橡胶并制成化学橡胶，现在它们已经成为观赏用的净化空气观叶植物。薜荔可以在室内任何空间种植，最好将其放到客厅、办公室等地。

3. 将薜荔的根部洗干净后可以无土栽培，还可以修型。它的茎属于藤蔓式，相比一般的花盆，隔板、悬挂式隔板更适合。如果是悬挂式花盆就更好了。如果不喜欢茎垂下来，可以用一个支架撑住。

橡胶树的种类

印度榕

橡胶树在半阴面也能生长、易成活，叶子较大，一般能够在咖啡店或饭店见到。有一定的净化空气能力。

孟加拉榕树

它与印度榕、橡榕一样，叶子造型独特，作为观赏用植物很受欢迎。它适合在阳光温和的地方栽种。

垂榕

垂榕净化空气能力非常强。它适合生长在没有阳光直射的阳面和半阳面空间，叶子上有黄色的花纹，所以很多地方也会销售这种"花纹垂榕"。

橡榕

它的叶子很像橡树，所以被称为"橡榕"。橡榕和孟加拉榕树相似，只是叶子的模样不同。

开业礼物
金钱树

金钱树有招揽钱财的寓意，常常作为庆祝开业时的礼物赠送。叶片比较厚，不需要经常浇水。如果是在室内栽培，即使长时间不浇水，叶子也不会枯萎。金钱树的茎有黑色的花纹，就像是用笔画上去的一样。这是一种正常现象，并不是病虫害。它是球根植物，所以将叶子或茎剪下来插枝就能生出一个小球根。

植物信息

学名	*Zamioculcas zamiifolia*
分类	天南星科多年生、观叶植物
原产地	非洲
别名	雪铁芋、龙凤木、泽米芋、美铁芋
特征和功效	释放负离子，吸收电磁波。

栽培信息

难易度	●○○○○
繁殖	球根、插叶、插茎
浇水周期	土壤里层干涸后几天再浇满水
培育适温	16～26℃，最低13℃
光照度	半阳面、半阴面、阳面
推荐空间	避免阳光直射

提示

1. 如果水分过多，金钱树的生长状态不好，一定要将它枯萎的茎剪下来，并移到另一个花盆中重新栽种。需提前确认土壤中的球根是否腐烂，再将其移至新土中。如果枯萎的茎较多，要将球根拿出来，留下一些好的茎和叶子进行插枝。平时在叶子周围喷雾，能够提高空气的湿度。

2. 作为观叶植物金钱树，它能够净化空气、释放负离子、吸收电磁波。它可以在室内任何地方栽培，一般情况下它的花盆较大，最好在客厅、办公室、饭店等处摆放。

换盆至奶粉桶

1. 底部钻孔

用锥子在奶粉桶底部钻几个孔，也可以用钉子、锥子或电钻。

2. 确认球根

换盆的时候，在原来花盆中将土豆似的球根分离出来。金钱树无法适应潮湿的环境，所以最好在新土中混入40%～50%的小石子。

3. 用黑板漆翻新

如果想要提升装饰效果，可以在奶粉桶外面涂上黑板漆，然后用粉笔写上金钱树的英文。

4. 插枝

将茎和叶子剪下插在土中后能长出新球根。也可以放到水中无土栽培。

像天上星星的
网纹草

在首尔独自生活的时候，为了适应新环境，我没有栽培喜欢的植物。在半地下室的出租房中，我偶然间一个被插着"白星"名牌的植物吸引了，它属于匍匐式增长，茎叶长得较低且小，尤其是叶子上白色的网状花纹非常像天上聚集的星星。当时买的时候，我精心照顾它，但没过多久就枯萎了。我原以为是因得不到光照造成的，现在仔细一想，应该是当时环境中土壤不易蒸发水分，而我又经常浇水，才最终导致了植物枯萎。现在我已经栽培了很多植物，但是偶尔也会像初学者那样有失败的时候。

植物信息

学名	*Fittonia verschaffeltii*
分类	爵床科多年生、观叶植物
原产地	南美洲安第斯山脉
别名	费道花、银网草
特征和功效	释放负离子，净化空气、加湿。

栽培信息

难易度	●○○○○
繁殖	插枝、分株
浇水周期	表层土干了后浇满水
培育适温	20℃~25℃，最低10℃
光照度	半阳面、半阴面、阳面
推荐空间	客厅、办公室、明亮的厨房、阳台和窗边等，避免阳光直射

提示

1. 网纹草喜欢吸收水分，适合在较湿润的土壤中生长。过分浇水和阳光不足会让它疯长，所以需要确认表层土干了之后再浇水，并将它放到光线较柔和的地方。平时在叶子周围喷雾保持空气的湿度。相比叶子较大的网纹草品种，叶子小的网纹草更容易栽培。

2. 作为观叶植物，网纹草能够释放负离子、吸收电磁波、吸附挥发性气体，起到净化空气的作用。适宜在阳光温和的客厅、阳台、窗边等的隔板、书桌等地栽培，但需要注意要避免阳光直射。

3. 网纹草属于匍匐式生长植物，长得较低、生命力顽强。合植时可以放在体形偏大植物的前面，它对土壤有极强的适应能力，不会受到其他植物的影响。网纹草体形偏小，可以直接用一次性塑料杯、饮料瓶等可循环利用物品种植。

换盆至铁皮桶

1. 底面钻孔

用锥子在铁皮桶底部钻几个孔。

2. 换盆

在铁皮桶下面铺一层小石子作为排水层，土中混入30%~40%的小石子，然后埋入秧苗。

红色网纹草

一般长出白色网纹草的又被称为"白星"，长出红色网纹草的又被称为"红星"或"粉星"。

韩国本土植物

络石

　　我第一次注意到络石的时候，当时它在一个像车的托盘中，我看到了3个"黄金络石"，都种在褐色的花盆中，长长的茎叶像是被捆绑在一起，很是好看。令我感到吃惊的是，3年的时间里它们从来没有换盆，依然长得很好。之前我种植的香草植物，如果不及时换盆一定会枯萎，但是这些络石却生长3年多真的令我很惊喜。

植物信息

学名	*Trachelospermum asiaticum*
分类	夹竹桃科多年生、观叶植物
原产地	韩国（南部西方）
别名	石龙腾
特征和功效	净化空气、加湿。

栽培信息

难易度	●○○○○
繁殖	插枝、压枝、种子
浇水周期	表层土干了后浇满水
培育适温	15～25℃，最低5℃
光照度	半阳面、半阴面、阳面
推荐空间	避免夏季阳光直射

提示

1. 络石可以在半阴面生长，但是最好将它放到光线不太强的地方。夏季的时候也可以放到户外，需注意避免阳光直射。秋天的时候如果将它放在阳台或户外空间，叶子会渐渐变红。平时在叶子周围喷雾能够提高空气的湿度。

2. 络石是一种可观赏的观叶植物。它能够净化空气、释放负离子、加湿空气。黄金络石、五色络石等品种的叶子是黄色和白色的，但是如果在阳光不足的环境中生长，叶子也会逐渐掉色变成草绿色，所以最好将它们放在客厅、阳台、窗边栽培。

3. 虽然络石是可以观赏的植物，但是它也能作为药材缓解高血压、关节炎、神经痛等疾病症状。

4. 络石的茎会越长越长，适合在隔板或悬挂隔板种植或是使用悬挂式花盆。

络石的种类

黄金络石

它的叶子上有黄色的花纹，在花卉市场中很常见。但是在阳光不足的环境中，叶子会逐渐变成绿色。

络石

络石的叶子呈绿色，且没有任何花纹。

五色络石

五色络石的叶子颜色就像被浸泡在各种颜色的染料中一样五彩缤纷，是一种非常受喜爱的观赏植物。

小络石

相比其他络石种类，小络石的叶子比较窄。可尝试从种植小络石开始，这样也能掌握络石的生长规律。

叶子满满覆盖在土上的
灰绿冷水花

植物信息

学名	*pilea Glauca*
分类	荨麻科多年生、观叶植物
原产地	南美
别名	蓝色宝石、冷水花
特征和功效	净化空气。

栽培信息

难易度	●●○○○
繁殖	插枝、压枝、分株
浇水周期	表层土干了后浇满水
培育适温	18～28℃，最低5℃
光照度	半阳面、半阴面、阳面
推荐空间	客厅、办公室、阳台、窗边等

　　"天使的眼泪"和"灰绿冷水花"这两种植物非常相像，都属于荨麻科。如果从远处看，根部无法区分。两种植物都是匍匐式生长，天使的眼泪叶子呈草绿色，体形较大；灰绿冷水花的叶子颜色深。如果将它们同时放到花盆中栽培，你就能发现灰绿冷水花只需要1～2小时的光照时间就能成活，虽然在冬天叶子容易脱落，但是一到春天就能长出好几株新茎，短时间内就能枝叶繁茂。

提示

1. 平时在叶子周围喷雾提高空气的湿度。非常适合在半阴环境生长，但是阳光不足会导致叶子脱落，最好将它放到阳光温和的地方。
2. 灰绿冷水花能够净化空气，适合在阳光温和的客厅、阳台、窗边生长。但是，尽量避免阳光直射。
3. 灰绿冷水花茎叶会铺满表层土，然后长到花盆外，最好放在隔板、悬挂隔板上栽培或悬挂式花盆就更好了。如果不喜欢它垂下去，可以将它放在较大的花盆中栽种。它适合合植，且能够自觉区分土壤，也可以进行修型。

无土栽培

1. 准备玻璃瓶

准备一个无土栽培用的玻璃瓶，普通饮料瓶即可。

2. 放入水凝球

在玻璃瓶外面粘贴一层彩色贴纸作为装饰，放入水凝球或彩石。

3. 水中插茎

将灰绿冷水花的茎剪下来，茎下面的残叶清理干净。将茎放入到玻璃瓶中，塞满水凝球。瓶中注满水后需要经常查看水的状态，以便及时换水。

冷水花

属荨麻科，相比灰绿冷水花，它的叶子非常大，且叶子上有银色的花纹。

漂亮但需精心照料的

千叶兰

如果喜欢圆圆的小叶子，可以选择天使的眼泪、冷水花、千叶兰等植物。千叶兰虽然长得很漂亮，但是很挑剔生长环境，否则叶子很快就会枯萎。千叶兰喜欢湿度非常大的空气，随时要保持叶子周边的空气湿度，可以用喷雾随时补给。大部分的观叶植物只要适应了环境就不会长出病虫害，但是像千叶兰这种观叶植物，很容易长蚜虫、蜡蚧等害虫，需要特别注意通风和水分管理。如果担心病虫害，在夏天到来之前就需要喷洒杀虫剂。

植物信息

学名	*muehlenbeckia complexa*
分类	蓼科多年生、观叶植物
原产地	新西兰、澳洲
别名	千叶吊兰
特征和功效	去除一氧化碳、净化空气。

栽培信息

难易度	●●○○○
繁殖	插枝、分株
浇水周期	表层土干了后浇满水
培育适温	16～30℃，最低10℃
光照度	阳面、半阳面
推荐空间	客厅、办公室、阳台、窗边、有阳光的厨房

提示

1. 平时在叶子周围喷雾保持空气的湿度。如果湿度和光照不足，叶子会枯萎掉落。如果在通风不良处，会产生病虫害。所以栽培千叶兰时，最好选择通风和光照条件好的地方。

2. 作为一种观叶植物，千叶兰能够吸附一氧化碳、净化空气，最适合在没有阳光直射的客厅、办公室、阳台、窗边、光照较好的厨房栽种。

3. 千叶兰的茎较长，适合在隔板、悬挂隔板上栽培，如果是悬挂式花盆就更好了。千叶兰也可以修剪成你想要的样子。

换盆至碗中

1. 在底部粘贴胶带

在瓷碗或马克杯的底部内外粘贴一层胶带，封箱胶带或遮蔽胶带都可以。

2. 用钉子钻孔

将钉子轻轻地敲进碗底部的胶带中，不要用力敲，否则会将碗敲碎。

3. 确认底部的孔

将钉子和胶带取下后，即可看到一个孔。粘贴胶带可防止钻孔时碎片乱飞。如果想要孔更大一些，用相同的方法在周边多钻几个孔。

4. 种秧苗

在钻孔的碗底部，放入混有30%~40%小石子的土壤，然后放入千叶兰的秧苗，这就完成了换盆。

叶子像抹了珍珠粉般的

毛叶秋海棠

　　毛叶秋海棠的叶子就像是抹了一层深紫色的珍珠粉一样，尤其是在阳光下，它的叶子闪闪发亮，非常漂亮。我第一次接触毛叶秋海棠是在园艺课上，当时正在练习毛叶秋海棠的繁殖法，沿着叶子上如血脉似的纹路将叶片撕开并埋到土中就能成活。提到秋海棠，一般都会联想到它漂亮的花朵，但是毛叶秋海棠的叶子却比花还要华丽，属于观叶秋海棠品种。如果是花秋海棠品种，只要接受到足够的阳光就能开出漂亮的花。但是观叶秋海棠不喜欢阳光直射，喜欢生长在半阳面或半阴面。

植物信息

学名	*Begonia rex*
分类	秋海棠科多年生、观叶植物
原产地	印度
特征和功效	可鉴赏华丽的叶子。

栽培信息

难易度	●●○○○
繁殖	插叶、分株
浇水周期	土壤内部水分干涸后浇满水
培育适温	15～25℃，最低7℃
光照度	半阳面、半阴面
推荐空间	有光照的地方均可

提示

1. 毛叶秋海棠喜欢生长在湿度大的环境中，但是对水非常敏感，注意不要让水直接碰到它的叶子。当土壤里层干涸了后再浇水，梅雨季需要减少浇水的频次。换盆的时候，需要在土中混入40%～50%的小石子，保证水分比例适中，还要保持良好的通风环境。可以利用底面灌水。但是一定要注意水分的吸收程度，不宜让土壤过分潮湿。
2. 秋海棠能够吸附甲醛，可净化空气。秋海棠长得较低，适合放在客厅的桌子、隔板、书架上。
3. 秋海棠对潮湿的环境特别敏感，最适合用来栽种的花盆就是土盆，土盆中的土壤易干涸，且通风条件好。毛叶秋海棠的叶子非常漂亮，所以相比用一个华丽的花盆，更适合在一个没有花纹的普通花盆中栽培，它长长的茎叶会逐渐伸到花盆外面。

繁殖

1. 准备剪叶子
准备一个干净的剪刀，沿着叶子茎将叶柄剪下来。

2. 沿着叶脉剪
剪下来的叶柄可以直接埋到土中，但是最好将叶子分成几块栽种。我们沿着叶子的脉络将叶子剪成4块。

3. 放到棉花上
将被分成几块的小叶子一一放到棉花上直到它的根长出来为止，如果发现叶子上挂着水滴，就要将它插到土中。

虎斑秋海棠
虎斑秋海棠属于观叶植物，叶子花纹独特，颜色也会令人印象深刻。

在空气中生长的

空气凤梨

　　空气凤梨与其他植物不同，不需要泥土就能够在有一定湿度的空气中存活。市面上常见的空气凤梨长得很像胡须，又被称为"松萝空气凤梨"；它的叶子与凤梨很像，属于凤梨科。我第一次栽培空气凤梨的时候，刚开始它长得并不好，所以也没有抱很大的希望，只是经常给它浇水，有一天突然发现它叶子下面竟然长出新芽，开始自救繁殖。我立刻被它吸引，开始细心照料。

植物信息

学名	*Tillandsia Ionantha*
分类	凤梨科、观叶植物
原产地	南美
别名	空气花、空气草
特征和功效	净化空气，无土也能生长。

栽培信息

难易度	●●○○○
繁殖	分株、种子
浇水周期	1~2周一次，让它在水中浸泡1~4小时后拿出来晾干
开花时期	秋季到冬季
培育适温	16~30℃，最低5℃
光照度	半阳面、半阴面、阳面
推荐空间	避免阳光直射、通风条件好处

提示

1. 平时需要在空气凤梨叶子周边喷雾，保持空气湿润。但是我们无法做到每一片叶片都能接触到水分，所以1~2周内需要将它放到水中浸泡1~4小时。浸泡结束后，将它取出晾干，如果不晾干叶子会枯萎，所以一定要将它放在通风条件好的地方完全晾干。空气凤梨的生长也需要吸收灰尘和雨水中的有机物，所以偶尔让它淋雨也没有关系。如果你长时间不在家，可以延长它浸泡在水中的时间，然后取出晾干。在寒冷、干燥的冬季，要注意空气的湿度；梅雨季的时候空气湿度很大，需要减少浇水的次数。

2. 作为一种可观赏的观叶植物，空气凤梨能够净化空气。它可以在室内任何地方栽培，客厅、办公室、阳台、窗边等通风条件好的地方均可。它在明亮的地方会长得更好。

3. 在空气凤梨还不常被栽种的时候，常常将它放在玻璃瓶中栽培，或在玻璃瓶底部铺上彩石；或是放到悬挂式玻璃瓶中栽培。如今，花卉市场中销售的空气凤梨品种众多，甚至还附带出售可放置在窗边的空气凤梨置物架，或是磁铁置物架等，品种齐全，还能起到修饰空间的作用。其实，空气凤梨原来是依附在树上生长的寄生植物，所以完全可以在木头或磁石等地方依附生长。

空气凤梨

小精灵的花

不同种类的空气凤梨会开出不同的花，小精灵的花呈粉红色，令人印象深刻。空气凤梨一生只开一次花，但是如果通过叶子下面的新芽可以再看到开花。

自救繁殖

大部分空气凤梨下面会长出新芽，这种新芽就像母体一样生长，分离后可以繁殖。松萝空气凤梨的叶子用剪刀适当剪下后通过分株也可以繁殖。

空气凤梨的花

寒冷的季节来临时，空气凤梨上面的叶子会渐渐变红，还会开出漂亮的花。

各种各样的空气凤梨

以前最常见的只有空气凤梨和松萝空气凤梨，但是现在可以购买到各式空气凤梨。它的根可以依附在树种生长，但是如果将它埋在土里就会腐烂。

叶子长得像龙猫雨伞的

观音莲

植物信息

学名	*Alocasia amazonica*
分类	天南星科多年生、观叶植物
原产地	亚洲热带地区
特征和功效	加湿、净化空气。

栽培信息

难易度	●●●○○
繁殖	分株、插枝、种子
浇水周期	土壤内部干涸后几天后再浇满水
开花时期	秋季到冬季
培育适温	18～25℃，最低13℃
光照度	半阳面、半阴面
推荐空间	客厅、办公室、阳台、窗边等

　　观音莲的叶子非常大，叶片上并没有花纹，呈清爽的草绿色。事实上，我非常喜欢观音莲，不仅仅是它的叶子，还有它那像树木茎叶的根茎也十分吸引我。但是这种植物一般需要在大花盆中种植，且售价非常昂贵。我们家目前没有空间可以放置大花盆，于是我买了与它相同品种的龟甲观音莲，这种植物对生长环境十分挑剔，水浇多了叶子立刻就变成褐色，非常难养。

提示

1. 观音莲不适合生长在过度潮湿的环境中，如果发现土壤内部干涸，要等过几天再浇满水。如果它的叶子变成褐色，要立刻摘除，避免影响其他叶子。如果它的状态一直不好，就需要换盆，并适当增加土壤中小石子的比重；或者将它好的部分剪下来再进行栽种。观音莲可以在阴凉处生长，但是阳光不足会使叶子枯萎，所以最好将它放在阳光温和的地方。平时在叶子周围喷雾保持空气中的水分。

2. 作为一种可观赏的观叶植物，观音莲叶子末端的水滴可以起到加湿的作用，而且还有净化空气的功效。它的叶子偏大，适合放在阳光温和的客厅、办公室、阳台等地方。

换盆至奶粉桶

1. 底部钻孔
用锥子在奶粉桶底部钻几个孔，也可以用钉子、锥子或电钻。

2. 分离秧苗
换盆的时候，将龟甲观音莲的秧苗分离。在奶粉桶底部铺一层小石子作为排水层，上面放入混有小石子的土壤。

3. 移种秧苗
在奶粉桶中放入秧苗，并用混入小石子的土壤填满。观音莲不适应过分潮湿的环境，最好在土中混入40%~50%的小石子，帮助水分流出。

海宇
它与龟甲观音莲不一样，叶子没有花纹，且呈草绿色。它叶子下面长得非常像树干的根茎剪下来后插枝可以繁殖。

室内花草女王

非洲紫罗兰

如果是栽种在朝东的阳台，非洲紫罗兰可以随时开花，花的颜色各种各样、魅力十足。另外，还有一种与它长得十分相似的花草，属于苦苣苔科，可以在半阳面、半阴面生长。很多人都将它误认为是樱草，其实它是球根植物"大岩桐"。苦苣苔科的花草生长习性相似，叶子较厚，适应生长在干燥的环境，如果经常浇水叶子反而会过分潮湿而枯萎。此外，叶子如果直接接触到水，会留下斑点，所以浇水的时候一定要注意。

植物信息

学名	*Saintpaulia ionanatha*
分类	苦苣苔科多年生、花草
原产地	非洲
别名	圣包罗花、紫罗兰、非洲苦苣苔
特征和功效	在阳光温和的室内可以开花。

栽培信息

难易度	●●○○○
繁殖	插叶、分株、种子
浇水周期	土壤内部干涸后浇满水
开花时期	只要环境条件好随时开花
培育适温	15～25℃，最低12℃
光照度	半阳面、半阴面、阳面
推荐空间	客厅、办公室、阳台、窗边等，避免阳光直射

提示

1. 非洲紫罗兰耐干旱，即使不经常浇水也能存活；但是如果想要它开的花更漂亮，土壤内部干涸后就需要浇水。此外，在土中混入40%以上的小石子，有助于帮助水分流出。叶子如果沾到水分会留下斑点，所以尽量在叶子周围喷水，或者直接在底面灌水。但是，如果水分已经被土壤吸收，花盆底部的水分就需要倒出，避免过分潮湿。冬天的时候，如果将它放在室外会冻伤，叶子就会像焯过水一样没有生机，所以最好提前将它移至室内。

2. 非洲紫罗兰有利于净化空气，只要温度适宜，随时可以在室内看到它开出漂亮的花，是一种非常值得在室内观赏的植物。它能够在半阴面生长，避免阳光直射，适宜在客厅、阳台、窗边、办公室等地栽培。

繁殖

1. 剪掉枯萎的花
在不需要采种的情况下，如果发现有花枯萎了，一定要用剪刀清理掉。如果花凋谢了，再过一个修整期，就能再开花。

2. 插叶
用剪刀将叶柄和叶子剪掉，并放到水中浸泡两周左右就能长出新根，然后立刻放到土中栽培。

3. 埋入土中
确认新根长出来后插入土中，大概两个月就能在土上发现新叶子，这就是繁殖。

新西兰樱草
它和非洲紫罗兰一样，同属于"苦苣苔科"，且习性相同。新西兰樱草不能适应寒冷和酷暑，需要格外注意。

在冬天盛开的
仙客来

冬天至初春时节，花店里最吸引人眼球的就是仙客来。如果想早点看到仙客来开花，那么9月就需要开始播种。但是，仙客来的花期很短，天气稍微暖和一点，花朵就会凋谢，只留下叶子，如果照顾得好，叶子附近还会长出小花茎。仙客来的花茎数量如同叶子一般多，所以在它没有开花的时候，我一般会好好管理叶子和花茎。有一段时间，由于阳台太冷，仙客来的花瓣看上去不像是要开花的样子，于是我将它搬到了室内。搬到室内后它立刻开花了，但是由于温度的原因叶子逐渐变黄，于是我又将它搬回了阳台。一般情况下，开满花的仙客来在花店里更受欢迎，但是有的时候它的花凋谢后要等到再次开花，需要的时间较长。

植物信息

学名	*Cyclamen persicum*
分类	樱草科多年生、花草
原产地	地中海沿岸
别名	兔耳花
特征和功效	可鉴赏花、净化空气。

栽培信息

难易度	●●○○○
繁殖	种子、球根
浇水周期	土壤里层干涸后浇满水
开花时期	冬天至春天
培育适温	15～20℃，最低5℃
光照度	半阳面、半阴面
推荐空间	客厅、办公室、阳台或窗边

提示

1. 夏季，仙客来的叶子会渐渐枯萎，只剩下保持休眠状态的球根。等到天气渐渐凉爽时，球根会再长出新叶子。从球根进入休眠状态开始，到凉爽的秋季到来之前，不需要给它浇水。此外，即使不是温度较高的夏季，暖和的室内环境也会让叶子枯萎，球根会进入休眠状态，所以一定要将它放到凉快的地方。换盆时，一定要让球根的一半露出土面以免根部受损，在土中混入30%～40%的小石子，有助于排水，通风条件好的环境对仙客来的生长很有帮助。

2. 仙客来能够吸附雾霾、粉尘等异物，是一种净化空气能力强的观赏花草。仙客来可以在半阴面生长，但要避免阳光直射，非常适合在客厅、办公室、阳台、窗边等地方种植。

3. 中世纪时，仙客来的根还被当作药用，叶子有治疗脱发的功效。但是现在主要是作为观赏植物。

管理

1. 人工无土栽培

仙客来是球根植物，但是很难通过球根进行繁殖，主要是通过种子。我们可以用毛笔或棉签等获取花朵中的种子。

2. 在凋谢前观赏

如果暂时不想获取种子，可以等到它的花期结束后。温度太高会缩短花期，所以一定要将它放到凉爽的地方。

3. 叶子的形状

仙客来的叶子呈心形，叶子上面白色的花纹像是被白色颜料浸染过，非常独特。

4. 剪掉枯萎的花

如果发现花或叶子枯萎，一定要及时清理干净。

叶子向上挺拔生长的

丝兰

我常常在化妆品成分表中看到"丝兰提取物",于是决定自己栽培丝兰。丝兰就像树木一样,体形偏大,它的种植是从播种开始的。一次偶然的机会,我得到了丝兰的种子,虽然只有一粒种子,没过多久却长出了很多新芽。丝兰的叶子如同大树一样挺拔。但是我们家的丝兰由于是从种子开始栽培的,叶子就像兰草一样细长,且阳光不足致使它很快就枯萎了。丝兰也能开出漂亮的花,如果你在夏季至秋季的时候去济州岛,可以观赏到与铃兰相似的白色丝兰花。

植物信息

学名	*Yucca recurvifolia*
分类	百合科多年生、观叶植物
原产地	北美
别名	软叶丝兰
特征和功效	可观赏,丝兰提取物可用于制造化妆品。

栽培信息

难易度	●●○○○
繁殖	分株、种子
浇水周期	土壤里层干涸后过几天再浇满水
开花时期	夏天至秋天
培育适温	20～30℃,最低5℃
光照度	阳面、直射光、半阳面
推荐空间	明亮的客厅、办公室、阳台或窗边、户外空间等

提示

1. 丝兰的体形偏大，最好选择大花盆种植。它耐干燥，不适合生长在过湿的环境中，如果发现土壤内部干涸后就需要浇水。换盆的时候在土中混入40%～50%的小石子有助于控制水分含量。丝兰能够在半阴面和半阳面生长，但是如果能够接受到很多光照，叶子会长得更好。刚开始的时候，丝兰的叶子就像兰草一样垂向地面，但是几年后会像大树一样向上挺拔生长。

2. 大部分种类的丝兰既可以作为观赏的观叶植物，也可以作为多肉植物进行栽培。它们体形偏大，且喜欢阳光，适合在明亮的客厅或阳台种植。

3. 丝兰提取物中的"皂素"可以用作药，对治疗关节炎、胃肠炎等很有帮助，而且还能作为天然泡沫剂用在各种化妆品中。

制作巧克力棒名牌

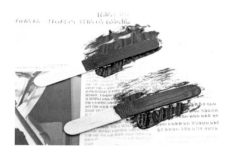
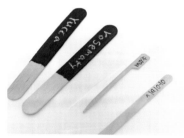

1. 粉刷名牌

准备几个雪糕棍，将其2/3部分涂成黑色后晾干，当然也可以直接将雪糕棍浸泡至黑色油漆桶中。这样就制成了一个类似巧克力棒的植物名牌。

2. 涂清漆

确认油漆干了之后再涂清漆，然后用粉笔写上植物的名字后插在花盆中。

确认丝兰叶子生长情况

一般情况下，丝兰的叶子较大且挺拔，这种特征也吸引了不少目光。

毛边丝兰

毛边丝兰与一般的丝兰长得相似，叶子边缘处就像粘了纤维似的有毛边。相比一般的丝兰，毛边丝兰的叶子更细长。

能够成为咖啡原料的

小果咖啡

    小果咖啡就像大树一样生长，无论是茎叶，还是草绿色的叶子，都长得十分茂盛。小果咖啡的主要品种有阿拉比卡和罗布斯塔，我种植的就是阿拉比卡小果咖啡。它的表皮较硬，如果撕下表皮埋到土中，发芽期会提前。所以我将它放到水中浸泡一晚后再尝试剥皮，但是很难去除，于是我直接将它埋到土中，最终还是枯萎了。与此同时，我正好收到了来自朋友的礼物小果咖啡的秧苗，又开始种植。一般情况下，它不会遭遇病虫害，但是在寒冷的冬季，叶子会发生褐变并逐渐枯萎，万幸的是，春天的时候它又开始长出新苗，这让我很兴奋。

植物信息

学名	*Coffea arabica*
分类	茜草科多年生、观叶植物
原产地	非洲、亚洲热带地区
特征和功效	可以收获咖啡豆，可观赏。

栽培信息

难易度	●●●○○
繁殖	种子、插枝
浇水周期	土壤表层干了之后浇满水
开花时期	夏天至秋天
培育适温	20～28℃，最低10℃
光照度	阳面、半阳面、半阴面
推荐空间	明亮的客厅、办公室、阳台或窗边、稍微遮光的户外空间等

提示

1. 小果咖啡可以在半阴面生长，但是阳光不足会让疯长的叶子状态看起来非常不好，所以尽量将其放到阳光柔和的地方栽培。需要注意的是，夏季强烈的直射光会烤焦叶子。一般情况下，可以用培养土等花草专用土壤，但弱酸性土壤更适合小果咖啡。平时在叶子周围喷雾，保持空气的湿度。冬天气温较低，部分叶子会发生褐变，但是只要根部没有冻伤，到春天的时候就能长出新苗。小果咖啡的种子容易受到根蝇的侵袭，所以在播种的时候不要经常浇水。即使不剪枝，它也能长得很茂盛，除非是长得特别大必须要剪枝的时候可以进行，在此之前都不需要剪枝。
2. 小果咖啡可作为观叶植物，还可以净化空气。它适宜在阳光温和的客厅、咖啡店、饭店、办公室、阳台、窗边等场所种植。
3. 小果咖啡能够成为炒制咖啡豆的原料。当它结满果实的时候，将里面的咖啡豆取出炒熟就能冲煮咖啡了。咖啡中的咖啡因能够预防老化、去除口臭、预防瞌睡等，但是如果摄取过多，也会产生很多副作用，如失眠、心脏病、高血压、消化不良等。
4. 最好用体积较大的花盆栽种。要在大花盆中种植，需要注意的是防止土壤过于潮湿。

临时移至饮料瓶中

1. 剪饮料瓶

用锥子将饮料瓶最上面的部分钻一个孔，然后用剪刀沿着孔剪掉上面的部分，以便可以插入植物。剪掉的部分边缘处较锋利，最好用透明胶带包裹起来。

2. 在底面钻孔

在饮料瓶底面用锥子钻孔，填满土后将小果咖啡的秧苗插进去。

3. 确认咖啡子

长成的小果咖啡形似大树，而且会结满红色的果实。这种果实被称为"咖啡子"，单果荚内一般结有两个咖啡豆。

4. 种植咖啡豆

咖啡豆表面有一层坚硬的表皮，需要在水中浸泡几天后才容易剥除，然后再放到土中栽培。一般一个月左右，才能长出新苗。

第五部分

在阳台和窗边栽培可食用的植物

阳台和窗边一般是种植植物最多的空间。
这部分将介绍可食用植物的栽种方法。

喜欢阳光的香草、花草、多肉植物和可食用植物。

一定要在冬天种的

香葱

　　香葱的球根会在8月中旬至9月初萌芽，栽培时间非常有限，它与过冬泡菜、萝卜等被称为秋季代表蔬菜。如果是在户外露天田地上种植，易滋生病虫害，最好将其放到阳台上栽培，这样会更容易管理。此外，阳台的空间较小，无法栽种太多的球根，所以在购买的时候一定要适量。香葱的球根会存储营养，一个月左右就能收获，生长速度特别快。收获时，上面的叶子部分可以剪掉，只留下球根。要等到第二次收获需要的时间较长，但是能够看到长出新叶子。

植物信息

学名	*Allium wakegi araki*
分类	百合科多年生、蔬菜
原产地	亚洲
特征和功效	韩国常见的大葱品种。

栽培信息

难易度	●○○○○
繁殖	球根种植（秋季）
浇水周期	土壤表层干了之后浇满水
种植时期	8月中旬至9月初
培育适温	15~20℃，以球根状态过冬
光照度	阳面、直射光、半阳面
推荐空间	阳台、窗边、户外空间等

提示

1. 香葱的球根部分在土中，初夏的时候如果发现它不会再长新叶子，且逐渐变黄，那么就需将球根取出并存放在网格袋子或报纸中，放到通风条件好的半阴面，等到夏末或初秋的时候再埋到土中。在30℃以上的高温球根最多会休眠20天左右，所以最好不要将它放在特别凉快的地方。过度浇水也会致其枯萎。

2. 将整个球根带叶子全部摘初，这些能够作为腌制泡菜的材料。如果只摘取叶子，可以制作葱饼、葱末等。香葱对预防便秘、脱发、成人病、感冒等非常有效。

3. 我们可以在塑料瓶、塑料牛奶瓶、泡沫盒、一次性杯子、可直立的编织袋中栽培香葱，这也能为我们节省不少开支。

1. 剪掉上面部分

为了能够让球根更快发芽并生长茂盛，需要将刚买的球根上面部分剪掉。

2. 种植香葱球根

准备一个能直立的编织袋，在其底部钻几个孔，里面填满土后将香葱球根放进去。如果土壤不易排水，可以在土中混入珍珠岩。

3. 确认长出的新苗

大概需要4天就能长出新苗，几个香葱球根同时种植的时候最好留有间隔。

4. 收获

编织袋里面的香葱大约一个月的时间就能收获。我们可以直接将整个球根和叶子都摘取出来，也可以只摘取叶子，埋在土中的球根会再次长出新叶子。

可爱的红色
小萝卜

植物信息

学名	*Raphanus sativus*
分类	十字花科1年生、蔬菜
原产地	欧洲
别名	二十日萝卜、萝卜
特征和功效	颜色漂亮、体形较小的萝卜品种。

栽培信息

难易度	●●○○○
繁殖	种子
浇水周期	土壤表层干了之后浇满水
播种时期	2月末~4月，8月末~初秋
培育适温	15~20℃
光照度	阳面、直射光
推荐空间	阳台、窗边、户外空间等

　　我第一次开始种植小萝卜是在4月份，当时是在晚春夏初时节，我将它放在阳光不太充足的窗户边上，它长得非常快。后来我将它移至户外草地上，本以为会长得更好，结果周边时常会有小虫子出现，最后只能将它拔出来。秋季是最适宜播种的季节，于是我又开始尝试栽培，并放到阳光充足的朝南方向，此时的病虫害问题比春天少，所以很快又收获了一批小萝卜。

提示

1. 小萝卜的栽培时期短，且容易收获，如果是在阳光不足的朝东或朝西阳台、窗边等地方栽培，不会长出红色的果实。因此，最好选择有阳光的窗边，或是放在阳台悬挂台上。如果是春天播种，4月的时候在户外田地上播撒种子之前，最好喷洒一些环保杀虫剂。如果是在阳台栽培，2~3月播种，能够减少部分病虫害。其他萝卜品种也用相同的栽培方法。
2. 小萝卜可以切丝做成蔬菜沙拉，也可以与黄瓜一起腌制食用。如果数量不多，也可以直接蘸大酱生吃。
3. 小萝卜是根茎类蔬菜，所以最好选用较深的塑料瓶、奶粉瓶、泡沫盒、一次性杯子、立体式编织袋等，这也能节省部分费用。

1. 确认新苗

因为萝卜是根茎类蔬菜，直接在花盆或户外田地中播种就能收获。土中的种子3~4天后就能长出新苗。

2. 疏苗

如果新苗太多，会影响已有秧苗的出果率，所以对一些状态不好的新苗，或是疯长的新苗，最好提前拔出来。

3. 盖土（覆土）

当看到子叶下面长出红色的小萝卜时，需要再盖一层土。大部分根部蔬菜都需要覆土，为它们的根部准备足够的空间。

4. 确认本叶

新苗长出来后的一周时间内，本叶开始生长。低温下生长速度会比较慢。

5. 生长的本叶

大约两周时间，生长出来的本叶数量逐渐增多，颜色也渐渐变深。如果是在户外种植，20~30日就能收获，所以又被称为"二十日小萝卜"。

6. 收获

如果是在阳台栽培，收获时期相对较晚，需要30~50天，当土中的红色小萝卜直径长到2~3cm时就可以收获了。

有驱蚊功效的

玫瑰天竺葵

　　"玫瑰天竺葵"叶子带有玫瑰香味，能够驱逐蚊子，通常都被人们称为"驱蚊草"。天竺葵属中，香叶天竺葵可以提炼精油，花瓣较小、颜色素雅，但是叶子却能散发出酸甜的香味。

因此，如果你不喜欢一般天竺葵的香味，或是想要栽培一些叶子能散发香味的植物，香叶天竺葵就非常适合。此外，香叶天竺葵生长速度较快，且容易打理。

植物信息

学名	*Pelargonium rosium*
分类	牻牛儿苗科多年生、香草
原产地	南美洲
别名	驱蚊草
特征和功效	驱逐蚊子。

栽培信息

难易度	●●○○○
繁殖	插枝
浇水周期	土壤内层干了之后浇满水
开花时期	4月～夏天
培育适温	15～25℃，最低5℃以上
光照度	阳面、直射光、半阳面
推荐空间	阳台、窗边、户外空间等

提示

1. 玫瑰天竺葵能够在阴凉处生长，且不易滋生害虫，非常适合新手栽种。但是，如果阳光不足会导致其疯长，所以尽量放在有阳光的地方。夏天的时候，酷暑和梅雨会让它的叶子变黄，茎叶也会枯萎，所以栽培用的土壤需要排水性良好，并要时刻注意土壤干燥程度，最好能将其移至通风凉爽处。冬天时刻注意是否存在冻伤的情况，只有这样它才能茁壮生长，并在春天开出漂亮的花。栽培天竺葵的土壤最好选择床土，这比其他专用土更有利于生长。此外，天竺葵属植物的繁殖方式是插枝。

2. 玫瑰天竺葵、香叶天竺葵等种类能够应用在香水、精油等制作中，对皮肤美容非常有帮助。害虫不喜欢天竺葵的香味，所以将它的叶子晾干制成香草，悬挂在各个地方，能够成为天然的芳香剂和驱虫剂。尤其是玫瑰天竺葵，是广为人知的驱蚊草。

3. 玫瑰天竺葵主要作为观赏用，并能驱逐蚊虫，但它的花可以作为食材使用，主要用在制作拌饭、沙拉等料理中。在国外，玫瑰天竺葵有独特香味的叶子经常被用来入菜、制作甜点，或是放入茶中。

4. 时刻保持土壤干燥，周边环境通风，这样病虫害才会减少，水分管理也较容易。

香叶天竺葵的种类

玫瑰天竺葵的花

香叶天竺葵的花期一般在晚春至夏季，玫瑰天竺葵的花瓣是深粉色的，且体形较小，适合插枝。换盆1~3月后就能长到原来的2~3倍，待完全成熟后就能剪枝。

青柠天竺葵

它的叶子香味与青柠相似，花与玫瑰天竺葵的颜色相似，但是体形较大。青柠天竺葵的叶子上有类似毛的东西，摸起来非常柔软。

苹果天竺葵

它的叶子能够散发出苹果香味。其他天竺葵的茎叶是向上生长的，但是它的茎长得较低。苹果天竺葵的花是白色的，体形较小，即使不进行人工无土栽培，也能长出新种子。

苹果汽水天竺葵

它的叶子和花瓣，还有叶子的香味都与苹果天竺葵相似。但是苹果汽水天竺葵的叶子体形更小，茎叶是向上生长的。用棉签轻轻沾在花蕊上，就能进行采种。

随时开花的
小花天竺葵

天竺葵的学名"Pelargonium"，其实天竺葵的真正学名应该是"Geranium"，即"宿根天竺葵"。我们现在通常所说的天竺葵，其实就是可观赏的"小花天竺葵"。小花天竺葵不易滋生害虫，在朝东的阳台也能开花，建议初学者尝试栽种这种植物。刚开始我也是按照叶子的形态及特征对其进行区分的，这样便于记忆。例如，叶子散发出独特香味的"香叶天竺葵"；花的体形较大、叶子圆圆状的"马蹄纹天竺葵"；叶子模样如同星星一般的"藤本天竺葵"；叶子边缘较尖，1年开一次花的"帝王天竺葵"等。

植物信息

学名	*Pelargonium inquinans*
分类	牻牛儿苗科多年生、花草
原产地	南美洲
别名	天竺葵、
特征和功效	驱逐害虫、鉴赏花朵。

栽培信息

难易度	●●○○○
繁殖	插枝
浇水周期	土壤内层干了之后浇满水
播种时期	3月末～5月初、8月末～初秋（20℃左右）
开花时期	条件合适随时可开花
培育适温	16～25℃，最低5℃以上
光照度	阳面、直射光、半阳面
推荐空间	阳台、窗边、户外空间等

提示

1. 可观赏的小花天竺葵比香叶天竺葵更加敏感，夏天的时候叶子容易发黄，茎也容易枯萎。所以夏天最好将其移至凉爽的地方，不要过度浇水，也不要施肥。换盆时最好使用排水性较好的土壤，相比专用栽培土，床土更加有利于生长。繁殖时，可以用棉签轻轻沾取花粉，人工进行播种，但是大部分马蹄纹天竺葵是改良后的品种，播种有可能会让母体开出其他的花，所以一般选择插枝繁殖。但是，如果它的发芽率高，那么就可以利用播种繁殖，让其自己变种，也有另一番乐趣。

2. 害虫不喜欢小花天竺葵的香味，因此它可以成为天然的芳香剂和驱蚊剂。尤其是马蹄纹天竺葵叶子散发出的味道，害虫特别不喜欢。

3. 小花天竺葵主要作为观赏用，驱逐蚊虫，但它的花可以作为食材使用，主要用制作拌饭、沙拉等料理。我们可以在花店、花卉市场等购买小花天竺葵的种子，但是它们有可能添加了农药或生长抑制剂等，食用的时候需要格外注意。

4. 栽培土壤排水好、生长条件通风环境好，就不易滋生病虫害，且照料也很容易。它适合插枝，可选择10cm以下的塑料瓶、半透明瓶子、一次性杯子等可循环利用的物品用来栽种。

繁殖

2. 浸泡在水中

将剪下的茎浸泡在水中，使其充分吸收水分，取出，放置几个小时后将茎末端晾干。这个步骤也可以省略。

1. 剪茎

如果想要天竺葵长得更茂盛，适当剪枝也是必要的。当它的茎长长的时候，用剪刀将其剪掉，下面的叶子都可以剪掉，上面的叶子保留2~3片即可。

马蹄纹天竺葵能够随时开花，但是帝王天竺葵不一样，它一年开一次花，一般是春天开始播种。

3. 插入土中

准备高度为10cm以下的塑料瓶，填满土，将茎插入，当发现土壤内部已经干涸后再浇水。香叶天竺葵也可以用相同的方法繁殖。

制作意大利料理时常用的
罗勒

　　适合播种栽培的香草罗勒发芽率非常高，但是在温度低的环境中不会长出新芽。当它长出新芽之后的一个月中，生长速度就会变缓，如果在低温环境生长就更慢了。所以我一般在3～4月天气逐渐转暖的时候播种，并用台灯给予足够的光照条件。初春的时候，光照依然不足，并且我们家的阳台朝东，所以为了抑制其疯长，用台灯等设备照明是必需的。如果没有足够的阳光，那么它的新芽就会像豆芽一样疯长。罗勒的生长速度较快，也容易打理，适合初学者栽种。

植物信息

学名	*Ocimum basilicum*
分类	唇形科1年生、香草
原产地	热带亚洲、非洲
别名	九层塔
特征和功效	主要用于意大利料理的制作中。

栽培信息

难易度	●●○○○
繁殖	插枝
浇水周期	土壤内层干了之后浇满水
播种时期	3月末～5月初（20℃左右）
培育适温	20～30℃
光照度	阳面、直射光、半阳面
推荐空间	阳台、窗边、户外空间等

提示

1. 罗勒不会生出蚜虫，但是易滋生缨翅、叶螨等害虫。晚春时，提前在植物周边喷洒天然杀虫剂，保持通风。阳光不足的时候，罗勒叶子会变薄；相反，如果是户外栽培，叶子会较厚。罗勒在光照不足的条件下生长较慢，当长出花茎的时候，不要剪掉，直接采种有利于它的生长。罗勒的所有品种中，最常用的就是甜罗勒，当然还有紫色叶子的罗勒、大叶子罗勒和小叶子迷你罗勒。

2. 罗勒对头疼、便秘、感冒等不适有一定的缓解作用，它经常被当作食材用在意大利面、比萨等意大利料理的制作中。当然我们也常常将它用于制作香草茶、香草盐、香草食醋等；还可以将其放到水中浸泡，可以形成膳食纤维白色的薄膜，对减肥非常有帮助。

3. 罗勒的生长速度很快，且体形较大，最好选择体积较大的花盆来栽种。如果选择循环可利用的物品当作花盆，可以用泡沫盒、米袋、土袋等。

1. 确认新苗

罗勒的发芽率非常高，温度低的时候不易发芽。栽培环境的温度需要保持在20℃左右，这样才能长出新苗。

2. 确认本叶

罗勒的生长速度快，当看到本叶的时候，大约需要等待一个月就能成熟。

3. 剪枝

如果想要罗勒的茎长得更长，那么需要对2~3株茎进行剪枝。当它开始疯长的时候，需要剪掉上面的1~2株茎，这样剪掉的茎附近又会长出新茎。大家可以尝试这种插枝方式。

4. 剪花茎

天热时，花茎开始生长，如果想要收获更多的罗勒叶，最好适当对花茎进行修剪。秋天的时候可以留下花茎并进行采种，即使没有人工无土栽培，种子也能发芽。

制作西式肉类料理时必需的
鼠尾草

　　小时候，我经常去吸串儿红花的花蜜。因为它属于红色的花草，我们常常称之为"串儿红"，它的学名其实是叫"鼠尾草"。记得我上小学的时候，学校花坛里种满了串儿红，它香甜的花蜜一直是我难忘的回忆。除此之外，还有与之相似的红色花朵的樱桃鼠尾草、猩红鼠尾草。它们不仅花的模样相似，花蜜都可以食用，且味道香甜。此外，串儿红和鼠尾草的学名都是"Salvia"，但是鼠尾草又通常被称为"药用鼠尾草"。

植物信息

学名	*Salvia microphylla*
分类	唇形科多年生、香草
原产地	地中海沿岸、南欧洲
特征和功效	经常用于西方料理食材。

栽培信息

难易度	●●○○○
繁殖	插枝、种子、压枝、分株
浇水周期	土壤内层干了之后浇满水
播种时期	3月~5月初，8月末~9月（20℃左右）
开花时期	春天~秋天
越冬温度	部分地区可在户外种植
光照度	阳面、直射光、半阳面
推荐空间	阳台、窗边、户外空间等

提示

1. 鼠尾草能够忍受干燥的环境，经常浇水会致使过度潮湿，所以要等到土壤内层干了之后再浇水，或是发现叶子稍微干枯了就浇水。换盆时，需要在土中混入30%～40%的小石子，帮助水分流出。鼠尾草的种子发芽率很高。

2. 春天至秋天时期，鼠尾草能够开出漂亮的花，抵御病虫害的能力很强。鼠尾草一般用于观赏。它的叶子有抗菌、杀菌的功效，能够制成芳香剂或杀虫剂；还可以将其制成香草食醋护发素等。

3. 在国外，鼠尾草常常被作为食材用于料理中，被用来烹饪肉类、鱼类等食材。它的花也能作为食材，用于制作拌饭、沙拉等食物中。

4. 土壤中的水分易流出，如通风条件好，那么就不易滋生病虫害，且易于管理。

鼠尾草的种类

热唇鼠尾草

它是樱桃鼠尾草的变种。我们所说的"热唇鼠尾草"其实也包括樱桃鼠尾草。它的花是白色打底，花的下半部分会带有一丝丝红色。随着温度的变化，花会逐渐变成红色，也有可能变成白色。

樱桃鼠尾草

热唇鼠尾草的花色会发生变化，但是樱桃鼠尾草的花颜色不变，就是红色。当热唇鼠尾草花的颜色变成红色的时候，与樱桃鼠尾草就很难区分。樱桃鼠尾草可以用于各种料理中。

蓝花鼠尾草

我们常常能在公园、香草农场等地看到它，长长的花茎上，开着几朵紫色的花，非常好看，主要用于观赏。

凤梨鼠尾草

它的叶子能够散发出凤梨的香味，可以用于泡制香草茶，非常适合喜欢香草的人们。与其他鼠尾草相比，它抵御病虫害和严寒的能力较弱。

繁殖力强的

薄荷

在各种各样的香草中，我最常养的品种是薄荷。刚开始时，我将它放在室内窗户边儿上，那里夏天的阳光并不充足，它疯长的茎叶常常越出了花盆，甚至叶子越来越小，还长了可怕的蜘蛛。因此，我将它的茎叶剪短，然后搬到阳光充足的地方，它就再没长过蜘蛛了，新长出来的叶子也比原来大3倍。薄荷的繁殖能力非常强，基本上只要3个月，它的根部就能占满整个花盆，所以要常常给它换花盆，之后我就将它放在塑料盒子里。如果将其他薄荷品种都放在一起栽培会发生变异，所以需要分开栽培。

植物信息

学名	*Mentha pipertia*
分类	唇形科多年生、香草
原产地	欧洲、亚洲、非洲
特征和功效	可食用、美容。

栽培信息

难易度	●●○○○
繁殖	种子、插枝、压枝、分株
浇水周期	土壤内层干了之后浇满水
播种时期	3月~5月初，8月末~9月（20℃左右）
开花时期	春天~秋天
越冬温度	户外种植
光照度	阳面、直射光、半阳面
推荐空间	阳台、窗边、户外空间等

提示

1. 在阳光不充足的地方，薄荷疯长的叶子会越来越小，茎也越来越长且没有生机，所以尽量将它放在阳光充足的地方。插枝的成功率很大，根的繁殖能力也强，如果想要它枝繁叶茂，就要放在一个大花盆里。相比蔬菜，薄荷不会轻易长害虫，但是为了防止在春末和初冬时期滋生果蝇、蜘蛛等害虫，事先要喷一些环保杀虫剂。另外，在它的花茎开始生长的时候，如果想要叶子更加茂密，可以将它的花茎剪掉。

2. 薄荷的香味独特，将其叶子晒干制成百花香，可以当作天然的防虫剂和芳香剂。还可以将薄荷放在食醋中浸泡三周，浸泡过的食醋可作为香草护发素使用，对头发非常好。此外，欧薄荷提取出的精油可用来做成化妆品，有美容功效，还可以当作洗发水使用。

3. 薄荷对去除口腔异味、解决皮肤问题、缓解肌肉疼痛等都非常有效，因此大家可以经常食用香草茶、香草糖浆。大部分的薄荷品种都可以食用，但"番薄荷"的毒性较大，不能食用，但它对驱逐蚊子、害虫等非常有效。

4. 如果条件允许，可以将薄荷放在一个大花盆里栽培，这样长出来的叶子会非常茂盛。如果还需要选择其他花盆，可以用塑料盒子、米袋子、土袋子等，一般情况下，我推荐大家使用大号塑料花盆。

1. 剪枝

剪枝能够让薄荷生长得更加茂盛，即使到了晚秋，剪枝也会对它们越冬有帮助。也可将剪掉的茎叶尝试用来插枝。

2. 剪根

薄荷的根繁殖能力非常强，常常能够在短时间内占满整个花盆，我们在换花盆的时候最好也修剪一下根部。当茎叶长长的时候，剪枝后再剪根，有利于它的生长。

3. 换花盆

更换一个大号花盆，并在土中混入30%以上的小石子。如果是小花盆，春天和秋天最好更换两次以上，但还是建议用一个大花盆。

4. 越冬后确认新芽

薄荷在冬天一般只会留下根部，到了春天才会长出新芽。所以将它放在阳台上，让它的茎叶维持存活状态并度过整个冬天。

薄荷的种类

薄荷

薄荷不需要特别照料，每年也都会长出新芽。薄荷的特征是叶子较长，边缘呈齿轮状。提到薄荷，大家最先想到的应该是令人神清气爽的薄荷糖。另外，用薄荷泡的茶不仅能去除嘴巴的异味，对缓解头痛、感冒和腹痛也有帮助。

绿薄荷

薄荷中最容易栽培的就是绿薄荷，我们可以将它放在塑料花盆中，即使中途拔出它的根，并将其埋在水泥地缝隙中，也能茁壮成长。它的提取物可用来做成口香糖。

巧克力薄荷

味道和薄荷巧克力饮料的香味更接近。冬天时，它会长出巧克力色的新芽，然后慢慢变成绿色。夏天时，它的茎叶会渐渐下垂。因此，与其他薄荷相比，巧克力薄荷在浇水时需要花费更多的精力。

苹果薄荷

它能够散发出甜甜的苹果香味，叶子边缘是圆形的，摸上去很柔软。虽然它的香味也像绿薄荷一样清爽，但是苹果薄荷的香味更加香甜，更易吸引蚊虫。在餐厅，我们常常看到食物或饮品用薄荷叶来装饰，鸡尾酒、橘子水也常常用苹果薄荷装饰。

凤梨薄荷

它的叶子能够散发出凤梨般香甜的气味，因此得名。叶子周边是圆形，摸上去很柔软。但是唯一不同的是，凤梨薄荷的叶子周边有黄色的花纹。

带有淡淡柠檬香的
香蜂花

购买薄荷和香蜂花时，栽培提示语中一般都会写着"半阴面也能生长"的字样，但薄荷在半阴面环境中也会无节制地疯长。"半阴面"可能指的是只能接受几个小时光照的半阴面，也有可能指的是户外的阴面。香蜂花与薄荷不一样，它的确能够在半阴面生长。它根部的繁殖力没有薄荷强，最好用小花盆栽培，并且它不易生病虫害，非常适合初学者栽种。大部分的香草植物无法忍受梅雨，但是香蜂花却能长时间存活在梅雨季。

植物信息

学名	*Melissa officinalis*
分类	唇形科多年生、香草
原产地	地中海沿岸、西亚
别名	香蜂草
特征和功效	散发出强烈的柠檬香味，可食用的香草。

栽培信息

难易度	●●○○○
繁殖	种子、插枝、压枝、分株
浇水周期	土壤表层干了之后浇满水
播种时期	3月末~5月初，8月末~初秋（20℃左右）
越冬温度	户外种植（部分地方除外）
光照度	阳面、直射光、半阳面、半阴面
推荐空间	阳台、窗边、户外空间等

提示

1. 栽培香蜂花时，水分管理不适当会造成叶子边缘发生褐变。它比较喜欢湿润的地方，当发现土壤表层干涸的时候就需要浇水。过度潮湿会让香蜂花的叶子和茎干枯。当发现香蜂花叶子周边褐变的时候，需要对其剪枝，并移送至通风条件好的地方。天气渐凉时，它的叶子会渐渐变成红色或黄色，这是一种自然现象，不需要担心。

2. 香蜂花的香味独特，可以制成天然的芳香剂。它对预防脱发也很有一定的作用，将其浸泡在香草食醋中可以制成护发素。将香蜂花的叶子捣碎敷在被蜜蜂或蚊子叮咬的地方，能够缓解疼痛。香蜂花能够在半阴面生长，所以朝东和朝西的阳台都非常适合栽种。

3. 香蜂花对缓解疲劳、治愈伤口、营养肌肤等十分有效，可以制成香草茶、香草食醋、香草糖浆等。

4. 泡沫盒、直立式塑料袋、塑料瓶、塑料牛奶瓶等都可以作为花盆使用，这样能够节省不少费用。建议大家选择体积较大的塑料花盆用来种植。

1. 确认新芽

香蜂花发芽时间很短，在花盆中填满床土，撒完种子后一周时间就能发芽。

2. 确认本叶

当它长出新芽后，大约10天后就能看到本叶。当它的根部从底部长出来的时候，生长速度就会变缓，需要移至一次性杯子中种植。

3. 剪枝

为了能够让香蜂花在大花盆中茂盛生长，需要对其进行剪枝。剪掉的茎可以进行插枝，或者将叶子晾干后用在其他地方。

4. 越冬后确认新苗

香蜂花在冬天的时候只会留下根部，等到春天的时候就会长出新苗。可以将它放在阳台上越冬，需确保茎部始终存活。

花期较长的

牛至

植物信息

学名	*Origanum vulgare*
分类	唇形科多年生、香草
原产地	南欧洲、西亚
别名	皮萨草、蘑菇草
特征和功效	常常用于意大利料理中。

栽培信息

难易度	●●○○○
繁殖	种子、插枝、压枝、分株
浇水周期	土壤表层干了之后浇满水
播种时期	3月～5月初，8月末～初秋（20℃左右）
越冬温度	根据品种可以户外越冬
光照度	阳面、直射光、半阳面
推荐空间	阳台、窗边、户外空间等

牛至是我当时迷恋香草的时候购买的，它没有独特的香味，至于为什么会常常用在意大利料理中，我也不知道。市场中常见的是没有香味只能观赏的牛至品种，用于意大利料理中的品种是叶子有独特香味的希腊牛至、意式牛至、马郁兰等。在大家的认知中，香草的花颜色素雅，没有什么特点，但是你一定会被牛至的花吸引。牛至抵御病虫害的能力较强，可以放在阳台栽培，它的花非常有魅力，大家一定要尝试栽培一次。

提示

1. 牛至能够忍受严寒，可以在户外花坛中越冬；但是马郁兰无法忍受寒冷，需要移至室内，而且它是一年生植物。牛至和马郁兰被区分为不同的香草名称，但其实它们的学名都是"Origanum"。
2. 牛至的花非常好看，非常适合作为观赏植物。
3. 牛至的花和叶子可以食用，能够缓解疼痛、促进消化、预防感冒等。它还可以作为食材用于意大利面、鸡蛋饼、比萨等意大利料理中，还能制成香草茶、香草糖浆和香草食醋等。
4. 泡沫盒、直立编织袋、塑料瓶、塑料牛奶瓶等都可以作为花盆使用，能够减少不少开支。建议大家选择体积较大的塑料花盆或土盆。

2. 确认本叶

当发现如图所示的本叶时，需要将其移至小塑料瓶中，也可以选择小花盆。

1. 确认新苗

牛至的发芽率很高，将种子放到塑料瓶中，10天内就能长出新苗。

3. 剪枝

如果想要本叶能够在花盆中茂盛生长，需要对其剪枝。剪下来的茎可以试一试插枝，或将叶子晾干用在其他地方。

5. 越冬后确认新苗

牛至在冬天的时候只会留下根部，越冬后的春天会再长出新苗。可以将它放在阳台越冬，确保茎叶始终存活。

4. 鉴赏花

如果不剪枝，在夏天的时候会长出很小的花朵，花瓣呈现圆形。当花期来临的时候，叶子的生长速度变慢，如果想要收获叶子，需要剪花茎。

最先想要栽培的香草
迷迭香

　　我最想要栽培的香草品种就是迷迭香，它的叶子能够散发出浓浓的香味，而且能够像大树一样生长。但是刚买它的时候，迷迭香易滋生叶螨，非常难栽培，后来不知道被谁偷走了，当时很伤心。于是我又重新买了种子开始栽培，过了两个月，依然没有任何动静，后来在发芽率高的凉爽秋季开始长出新苗。记得那年冬天格外寒冷，栽培的迷迭香全部枯萎了。现在，我用插枝的方式栽培迷迭香，它在我的朝东向阳台生得很好。

植物信息

学名	*Rosmarinus officinalis*
分类	唇形科多年生、香草
原产地	地中海沿岸
别名	艾菊
特征和功效	在护肤品制造、料理中广泛使用。

栽培信息

难易度	●●●○○
繁殖	种子、插枝、压枝
浇水周期	土壤内部干了之后浇满水
播种时期	4月～5月初，8月末～9月（20℃左右）
越冬温度	0℃以上
光照度	阳面、直射光、半阳面
推荐空间	阳台、窗边、户外空间等

提示

1. 迷迭香适合栽种在阳光充足的地方，但是半阳面的阳台和窗边也适合栽培。通风不好的情况下易得白粉病，且会有病虫害。迷迭香不适应过度潮湿的环境，梅雨季时茎叶会变软，户外栽培时一定不要淋雨，最好将它移至室内。换盆时，在土中混入30%～40%的小石子，帮助排水。迷迭香会向大树一样生长，可以提前对其修剪，让它长得更加好看。冬天时，将它放在阳台上，能够让它长得更加结实。

2. 迷迭香又被称作"学者的香草"，对提高记忆力和集中注意力非常有帮助，能够去除甲醛、净化空气，是一种可观赏、可食用的香草。迷迭香叶子晾干后可制成天然芳香剂和驱蚊剂，提取的精油可用于制作化妆品、洗发露，有美容功效。

3. 迷迭香能够杀菌、预防感冒和头疼，正是因为它叶子独特的香味，常常用于肉类料理的制作，还能用于制作香草食醋、香草糖浆、香草盐、香草茶、香草精油等。

4. 适宜栽培迷迭香的土壤易干燥、通风条件好，如果是土盆栽培有利于减少病虫害，水分管理也较容易。

1. 播种

在播种迷迭香种子的时候，保持20℃左右的发芽温度非常重要。从种子开始栽培，能够长出小本叶的迷迭香。

2. 剪枝

迷迭香需要在通风条件好的地方种植，时刻保持窗户通风。如果发现茎叶茂盛，可以通过剪枝对其修型。

3. 插枝

将中等长度的茎叶剪掉5～7cm、清理掉下面的叶子，插到水中即可进行繁殖。

4. 鉴赏花

3年以上的迷迭香会开出淡紫色或紫色的花，它的花可以食用。

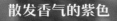

散发香气的紫色
薰衣草

之前我将法国薰衣草误认为是迷迭香，将叶子浸泡后食用，发现没有任何味道，当时还非常失望。刚开始时，我将薰衣草放在室内栽培，它的叶子开始疯长，而且越来越难看。之后我就对其剪枝，并移至阳光充足的户外空间，它也逐渐恢复成原来的模样。本以为不需要再对其精心照顾了，结果它长出了许多叶螨。最后，我将有害虫痕迹的叶片及茎全部剪掉，起初还担心会不会枯死，后来发现它长得非常好，比当初买来的时候更加茂盛。

植物信息	
学名	*Labendula stoechas*
分类	唇形科多年生、香草
原产地	地中海沿岸
别名	香草
特征和功效	英国薰衣草的花也属于香草。

栽培信息	
难易度	●●●○○
繁殖	种子、插枝、压枝
浇水周期	土壤内部干了之后浇满水
播种时期	4月~5月初，8月末~初秋（20℃左右）
开花时期	晚春至夏至，阳台栽培会更早开花
越冬温度	0℃以上
光照度	阳面、直射光
推荐空间	阳台、窗边、户外空间等

提示

1. 阳光不足时，薰衣草的叶子会长得非常难看。相比迷迭香，薰衣草更需要阳光，如果是阳光不足的朝东或朝西阳台，栽培确实不容易。此外，通风条件也非常重要，通风不好的时候易滋生病虫害。薰衣草在潮湿的环境下生长状态会变差，在经常下雨的梅雨季，它的叶子会变软，所以最好将它移至室内。换盆时，在土中混入30%～40%的小石子，帮助排水。冬天时，下面的叶子会发生褐变，这是一种自然现象，等到春天的时候，将褐变的叶子清理干净即可。

2. 薰衣草的香味不受害虫的喜欢，所以将它的花和叶子晾干后，可以制成天然芳香剂和驱虫剂。薰衣草会像大树一样生长，提前对其修剪，它的外形会更加美观。英国薰衣草的花可以提取精油，且香味独特，能够用于化妆品、香水制作中，对皮肤美容非常有效。

3. 薰衣草对失眠、忧郁症等有一定的安定功效，英国薰衣草花中的精油可以用在香草茶和各种料理的制作中。将薰衣草的精油放到香草或香薰中，也有相同的功效。

4. 栽培的土壤易干燥，通风条件好，如果是用土盆栽培有利于减少病虫害，水分管理也较容易。

薰衣草的种类

法国薰衣草

这是在花卉市场中经常能够看到的品种，它的花长得就像兔子耳朵一样。冬天时，将它放在寒冷的阳台栽培，春天的时候能开出更加漂亮的花。

羽叶薰衣草

它与其他薰衣草不同，叶子形状像蕾丝，花朵可食用，这一点非常独特。

英国薰衣草

它作为香草，花朵可以食用，是非常罕见的薰衣草品种。其他种类的薰衣草主要用于观赏。

齿叶薰衣草

它与甜薰衣草、马力诺薰衣草相比，叶子边缘的齿轮状更深、更明显，这也是它的特征。

叶子有淡淡甜味的

甜叶菊

润农甜叶菊与一般甜叶菊相比，味道和功效高出几倍，根茎更直。甜叶菊易滋生蛞蝓，但是其他病虫害情况较少；相比其他香草，浇水时应需格外注意。有一段时间家里没有人，我就非常担心甜叶菊，果然回到家之后发现它因为缺水叶子都干枯了。于是我将它少数的草绿色茎叶剪下来重新栽培，希望它能长出新苗。甜叶菊的茎叶即使枯萎了，只要根部存活就能长出新苗。令人惊奇的是，没过多久，它真的长出了新叶。

植物信息

学名	*Stevia rebaudiana*
分类	菊科多年生、香草
原产地	南美、亚热带
特征和功效	可以当作糖使用的可食用香草。

栽培信息

难易度	●●●○○
繁殖	种子、插枝、分株
浇水周期	土壤表层干了之后浇满水
播种时期	4月~5月初，8月末~初秋（20℃左右）
开花时期	晚春至夏至，阳台栽培会更早开花
栽培适温	最高25℃，最低10℃
光照度	阳面、直射光、半阳面
推荐空间	阳台、窗边、户外空间等

提示

1. 夏天，当甜叶菊水分不足的时候，叶子就开始枯萎，这也是它缺水的信号。如果发现它的表层土壤已经干涸，就需要立刻浇水。酷暑时期，半天左右土壤就会干涸，一定要时刻注意浇水。在阳光不足的环境中，甜叶菊的茎叶不会挺拔生长，生长速度会变缓，因此最好将它放到阳光充足的地方。冬天的时候，栽培温度最好保持在10℃以上，如果是10℃以下，只要根部存活，第二年春天就能长出新苗。

2. 甜叶菊的叶子糖分含量较低，适宜减肥者食用，所以常常被当作糖放在食材中，或是制成香草茶饮用，将它放在咖啡中饮用效果会更好。此外，将甜叶菊浸泡后制成浓缩液，并进行1000～2000倍稀释后浇灌土壤，或是将叶子晾干制成粉末撒在植物周边，有利于植物生长，因此它又被称为"甜叶菊耕种法"。当然，浓缩液也可以食用。

1. 确认新苗

甜叶菊的种子寿命较短，购买后要立刻栽种。将种子放到塑料瓶中，1～2周后就能长出新苗。

2. 越冬后确认新苗

甜叶菊的根可以越冬，冬天将茎剪掉，春天又会长出新苗。如果是在温暖的环境中越冬，之前的茎会一直成活。

3. 插枝

甜叶菊适合插枝，插枝后1～2天内将其放到透明袋子中，有助于维持水分。插枝时，撕掉的叶子可以食用，它与"焦糖饼"的味道相似。

4. 鉴赏花

秋天的时候，它会开出白色的花，且花朵较小。如果想要采种，可以用棉签轻轻沾花蕊取粉。

秋季常看到的
菊花

一年生的花草每年都要在花坛中播种，但是菊花到冬天的时候，茎虽然枯萎，春天依然会长出新苗。菊花易滋生蚜虫，但它能够自己战胜蚜虫，且每年都能开花。种植在花坛中的菊花每天接受光照，靠自己战胜蚜虫，并没给它喷洒杀虫剂。现在我的阳台上还种了"甘菊"，虽然阳台是朝东向，但是菊花的生长状态比想象中要好很多。

植物信息

学名	*Chrysanthemum morifolium*
分类	菊花科多年生、花草
原产地	中国
别名	菊、秋菊
特征和功效	花可食用，还能观赏。

栽培信息

难易度	●●●○○
繁殖	插枝、分株、种子
浇水周期	土壤表层干了之后浇满水
开花时期	秋天（短日照开花）
栽培适温	15~25℃，可以在户外越冬
光照度	阳面、直射光、半阳面
推荐空间	阳台、窗边、户外空间等

提示

1. 菊花需要阳光，如果阳光不足，它的花苞还会掉落。可在下午5点到第二天上午8点用黑色塑料袋将它套住，然后打开，反复几次。如果想要延长花期，可以用照明设备让它处于接受光照的状态。菊花易滋生蚜虫，晚春时需提前喷洒杀虫剂。菊花大部分都是改良品种，通过播种繁殖，可能会长出其他品种的菊花；最好通过剪茎、插枝或压枝的方法繁殖。

2. 小菊花能够吸附甲醛、苯、氨气等，净化空气，是秋季有代表性的观赏花草。菊花能够解毒、缓解头疼和感冒症状，土菊花的甘菊和山菊还能制作花茶、拌饭、花饼等。

整理菊花

1. 剪掉枯萎的花

如果发现花已经枯萎，要及时清理掉，这样才能长出新花。

2. 剪枝

花枯萎后，将茎全部剪掉。如果是在户外种植，冬天的时候，即使茎枯萎了，越冬后的春天也能长出新苗。

各种颜色的菊花

黄色、白色的菊花很常见。但是菊花还有紫色、红色、粉红色、朱黄色等各种颜色。

甘菊

甘菊和山菊可做成菊花茶。这两种菊花非常相似，与山菊相比，甘菊的花瓣更大。

植物信息

学名	*Begonia X hiemalis*
分类	秋海棠科多年生、花草
原产地	非洲
别名	玫瑰海棠
特征和功效	花可食用，还能观赏。

栽培信息

难易度	●●●○○
繁殖	插枝
浇水周期	土壤内部干了之后浇满水
开花时期	环境合适随时开花
栽培适温	15～25℃，最低7℃
光照度	阳面、半阳面
推荐空间	阳台、窗边、阳光照射的客厅和办公室等

像蔷薇一样可爱的
丽格秋海棠

丽格秋海棠的花就像擦了胭脂的新娘脸蛋一样。刚开始栽培时，我家朝东的阳台阳光不足，担心它会枯萎。所幸它一直在生长，还能开花，花期能够维持2个月左右。在种植期间，我时常保持窗户常开，为了防止其疯长，时刻注意浇水。当花枯萎，要及时处理掉枯萎的花朵。

提示

1. 丽格秋海棠不适应过于潮湿的环境，应在发现土壤内部干涸后再浇水，梅雨季时要时刻注意土壤的干燥度。换盆时，在土中混入40%～50%的小石子，有利于排水，并放置在通风处。如果过度浇水，花和叶子易滋生病虫害。丽格秋海棠有重瓣花，可通过插枝繁殖。其他单瓣花品种雌花和雄花是单独的，通过播种繁殖时，需用棉签轻轻沾取雄花的花粉，并将其送至雌花的花蕊上。单瓣花秋海棠品种也可以通过插枝繁殖。
2. 秋海棠净化空气能力强。与观叶类秋海棠相比，观花类秋海棠更喜欢阳光，可在阳台、窗边种植。
3. 丽格秋海棠的花有缓解疲劳、缓和炎症的功效，可作为食材制作拌饭、沙拉、花茶、花饼等。但是，我们在花店或花卉市场买的种子可能被洒了农药或生长抑制剂，食用时一定要注意。
4. 秋海棠不适应过度潮湿的环境，适合在通风条件好的花盆中栽培。

秋海棠花的种类

四季秋海棠

是经常在公园中看到的品种。因为它四季都能开花，所以被称为"四季秋海棠"。它的花期很长，能够在酷暑和直射光中生长，可在户外栽培。

各种各样的秋海棠花

各种花色、大小的秋海棠，有些花看上去与丽格秋海棠相似，但是它们都和丽格秋海棠一样是重瓣花。

橘色海棠花

冬天时可通过球根越冬，可通过种子和插枝进行繁殖。橘色海棠花又被称为球根秋海棠，其实它是球根秋海棠和"索科秋海棠"交配的品种，仔细看它土里的根就能发现，它并不是球根。

粉色海棠花

粉色海棠花花瓣呈粉红色。天气凉爽时，花茎上能长出一种叫零余子（不易长出）的球根，将它摘下种在土里就能进行繁殖。

夏季可涂抹在
晒黑皮肤上的

芦荟

大家熟知的芦荟品种中有芦荟叶汁、木立芦荟、皂质芦荟等。我一直栽培的是叶子带有白色花纹的皂质芦荟，在冬天也能在户外正常生长。小时候去海边玩，回家后发现皮肤晒黑了，于是就去花坛中拿些芦荟叶子直接敷在皮肤上。

植物信息

学名	*Aloe Saponaria*
分类	百合科多年生、多育植物&香草
原产地	非洲
别名	芦花、斑纹芦荟
特征和功效	叶子能够美容，也可食用。

栽培信息

难易度	●●○○○
繁殖	分株、插枝
浇水周期	土壤内部干了之后等几天再浇满水
开花时期	环境合适随时开花
栽培适温	18~25℃，最低5℃
光照度	阳面、半阳面、明亮的半阴面
推荐空间	阳台、窗边、户外空间等，避免阳光直射

提示

1. 芦荟能够在阴凉处生长，但是也有可能会疯长。时常通风，保证足够的光照条件，它才能正常生长。如果在阳光直射处，叶子末端会被烤焦，甚至会变黄，此时需要将它移至没有阳光处。当发现芦荟长出新苗时，需将其单独移至其他花盆中种植。芦荟的叶子周边带刺，注意不要让孩子靠近。

2. 芦荟能够补充皮肤水分、美白，是制作各种化妆品的原材料。当皮肤被强阳光晒伤时，将生芦荟敷在脸上，能够缓解皮肤不适。使用时，需将芦荟皮剥掉，黄色的汁液也需要去掉，然后涂在脸上。

3. 作为一种香草，芦荟能够预防便秘、抗癌、提高免疫力等，将芦荟的皮去掉，保留里面精华部分，放入牛奶和酸奶中可以一起食用。

1. 换盆

芦荟无法适应过度潮湿的环境，需在栽培土中混入50%左右的小石子，帮助其排水。换盆后不要立刻浇水，要等到两周后再浇水。插枝的时候也是一样的。

2. 用绳子帮助叶子直立

有些芦荟的叶子无法直立向上生长，此时需要用绳子使它们保持直立状态。如果阳光不足，它们会疯长，而且会不断向下生长。

户外栽培的芦荟

芦荟能够在户外正常越冬。冬天时，它们的叶子会变成褐色，春天时又会恢复成绿色。

芦荟的花

芦荟的花长得很像香蕉，但是这种花需要栽培5年以上会开放。个别品种的芦荟花呈黄色或朱黄色。栽培3～4年的芦荟功效更明显。

酷似莲花的
玄海岩

植物信息

学名	*Orostachys iwarenge*
分类	景天科多年生、多肉植物
原产地	韩国
别名	玄海岩莲花
特征和功效	夜间能够吸收二氧化碳，释放氧气。

栽培信息

难易度	●●○○○
繁殖	种子、零余子（部分）
浇水周期	叶子看起来没有生机后浇水
越冬温度	可以户外越冬
光照度	阳面、直射光
推荐空间	阳台、窗边、户外空间等

岩石松是指在岩石上生长的松果，在瓦中生长的松果又被称为"瓦松"。我栽培的品种是玄海岩，长得非常像莲花，它的母体上结了很多零余子。部分品种玄海岩通过种子繁殖。之前我栽培的瓦松品种因频繁浇水致使其像藤蔓似的疯长，这次开始栽培玄海岩的时候我格外小心。

提示

1. 在阳光不足、过度潮湿的环境中，玄海岩长得会很难看。将它放到阳光充足、水分适当的环境中就会改善。玄海岩非常耐旱，即使一个月浇一次水，它也能够存活。栽培时，在土中混入50%~70%的小石子，有助于水分排出。

2. 玄海岩能够释负离子，吸收电磁波；夜间能够吸收二氧化碳、释放氧气，是一种观赏类多肉植物。将叶子中的汁水涂抹在蚊虫叮咬处，能够缓解不适。

3. 许多品种的瓦松都可以食用，可食用的品种叶子较尖长。瓦松对便秘、肚子痛、癌症等有缓解不适的功效，也可以将它与牛奶、酸奶等一起食用。

4. 即使没有花盆及土壤，将它们直接放到岩石或瓦中，就能长出岩石松或瓦松等。

1. 欣赏花

秋天时，玄海岩的花，长得非常像松果。花期结束后，整株植物都会枯萎，如果想要继续栽培，可以利用剪茎或采种繁殖。

2. 准备越冬

随着天气逐渐转冷，玄海岩外面的叶子会逐渐变成褐色，里面的叶子会渐渐蜷缩，这就是在准备越冬。干枯的叶子可起到保护作用，不要撕掉。

3. 确认零余子

部分品种的玄海岩会通过零余子进行繁殖。一般会在母体下面长出长叶子，并在尾部结出零余子。

蜘蛛网瓦松

叶子上会结出像蜘蛛网一样的物质。瓦松的品种很多，栽培方法都是一样的。

可爱的多肉植物

　　小的空间内最适合栽培可在小花盆中生长的多肉植物。多肉植物的叶子圆圆的，如果俯视，整体看起来更像是开花的模样，适合观赏。

　　栽培多肉植物时，需将其放置在阳光充足的环境中，一个月浇一次水就可以了。在它的土中混入50%~70%的小石子，有助于水分流出，防止过度潮湿。阳光不足、过度潮湿会让它的叶子和茎逐渐变软。如果是几个月不浇水，多肉植物也会枯萎，所以一定要留意叶子的状态。多肉植物主要通过插叶繁殖，摘掉部分叶子或将掉下来的叶子收集起来放到混入小石子的土中，它又能长出新的根和苗。

生石花

魔南景天

马齿苋　特玉莲

姬胧月　红玉

黄金万年草　巧克力兔耳

既可观赏也可做成拌饭的

旱金莲

我第一次栽种旱金莲时，当它开花时，我非常高兴。后来我又买了种子开始栽培，但是新苗长出来没有多久，它的茎就被强台风吹断了。于是我将它折断的茎重新插在土中栽培，本来并没有抱太大的希望，后来发现它居然能在小花盆中开花，这顽强的生命力让我很震惊。

植物信息

学名	*Tropaeolum majus*
分类	旱金莲科1年生，属香草或花草
原产地	南美
别名	旱荷、寒荷、金莲花、旱莲花
特征和功效	花和叶子可以用在各种料理中。

栽培信息

难易度	●●○○○
繁殖	种子、插枝、压枝
浇水周期	土壤表层干了之后浇满水
播种时期	3月~5月初，8月末~初秋（20℃左右）
开花时期	晚春至秋天
栽培适温	15~25℃，最低5℃
光照度	阳面、直射光、半阳面
推荐空间	阳台、窗边、户外空间等

提示

1. 夏天时，苍蝇和蚊子较多，再加上酷暑，旱金莲的叶子会容易变黄，所以最好提前播种。如果在朝南的阳台，2月就可以播种。旱金莲的抗寒能力非常强，冬天时播种，能够在阳台或窗边存活整个冬天，春天就会开出漂亮的花。

2. 旱金莲圆圆的叶子和华丽的花朵非常适合观赏，常常会被种植在公园、观光地等。阳光不足时，叶子会变小，易疯长，所以最好选择栽种在阳光充足的阳台、窗边、户外空间等。

3. 旱金莲含有丰富的维生素C和矿物质，它的叶子和花可用于制作沙拉、拌饭和三明治。它的种子还能当作胡椒辛辣粉调料使用。

4. 藤蔓式的茎叶会越长越长，最好选择悬挂式的花盆种植。如果不喜欢它的茎长到花盆外面，可以在旁边立一个支架。

1. 在水中放入种子

旱金莲的种子有坚硬的外皮，可以将它浸泡在水中，这样易于去皮。

2. 剥去种子皮

浸泡一天后，皮会容易剥掉。

3. 棉花播种

为了促使其发芽，可以将剥好皮的种子放到棉花上面。旱金莲属于暗性发芽，所以需要将它放在较暗的地方，或是用报纸将它包好。如果不用棉花，也可直接将其放到土中。

4. 确认新苗

当根长出时，立刻将它放到土中栽培。几天后，我们就能看到莲叶状的子叶。

5. 确认本叶

旱金莲的生长速度较快，新苗长出不久后就能看到本叶。旱金莲的子叶和本叶十分相似，而且它的叶子和花可以食用，与不辣的辣椒味道相似。

6. 欣赏花

如果在初春时栽培旱金莲的种子，5～6月时就会开花。如果在秋天和冬天开始种植，还能够更快看到花。用棉签轻轻沾在花蕊上，用这种方式也能收获种子。

人气满分的1年生花草

春天时，花店、花卉市场等都会出售一年生花草，赏心悦目。我的阳台空间有限，但在春天也会购置一些开花的一年生植物，只为在春天能欣赏到花朵，花期结束后可直接清理。

花草一般喜欢有阳光的地方，最好将它们放在阳光充足处；当发现表层土干涸，或叶子开始枯萎时，就需浇水，这样看来栽培它们并不容易。由于在夏天易滋生病虫害，晚春时，需提前在植物周围喷洒杀虫剂。如果想要它们长出更多的花茎，需要对其换盆；但如果赏花之后就不想要了，就不用换盆了。凤仙花、三色堇、报春花、矮牵牛、鳞托菊、长春花等在原产地属于多年生植物，由于无法抵抗严寒和酷暑，也会导致它们逐渐成为一年生植物，如果阳台的生长环境适宜，也能让它们保持多年生。

秋天播种一年生花草（秋播一年生）
三色堇、金盏花、报春花、雏菊、瓜叶菊、虞美人、金鱼草等
春天播种一年生花草（春播一年生）
鼠尾草、万寿菊、矮牵牛、凤仙花、千日红等
用于食材或花茶中的花草
凤仙花、金盏花、万寿菊、报春花、金鱼草等

金盏花　凤仙花

鳞托菊　万寿菊

千日红　三色堇

矮牵牛　报春花

第六部分

在阳台和窗边栽培观赏用的植物

在阳光充足的阳台和窗边能够栽培很多植物。
这部分将介绍色彩华丽又清新的植物。

香草、花草、多肉植物和一般观叶植物等都是可观赏植物。

花很漂亮的
多肉植物

圣诞伽蓝菜

植物信息

学名	*Kalanchoe blossfeldiana*
分类	景天科多年生、多肉植物、花草
原产地	马达加斯加
别名	长寿花
特征和功效	可鉴赏花、净化空气。

栽培信息

难易度	●○○○○
繁殖	插茎、插叶、种子
浇水周期	土壤里层干涸后浇满水
开花时期	晚秋至春天（短日照开花）
培育适温	20～25℃，最低10℃
光照度	阳面、半阳面、半阴面
推荐空间	阳台、窗边、户外空间、明亮的客厅、办公室等，避免阳光直射

　　我在花店买马齿苋的时候，当我在考虑是否再买一株圣诞伽蓝菜时，花店老板就塞给我一株圣诞伽蓝菜，对我说这株植物虽然看起来状态不好，但是好好栽培还是能开花的。我将其带回家之后，它居然长出了新花茎，没过多久还开花了。等它的花全部凋谢后，我剪了几个花茎进行插枝，并将其中几株作为礼物送给朋友，第二年它又开出漂亮的花。

提示

1. 与千孙草、万孙草一样，和伽蓝菜属同一品种的植株也都具有相似的特性。伽蓝菜拥有顽强的生命力，即使不常浇水，也能在半阴面环境中存活。圣诞伽蓝菜主要通过插枝繁殖。在半阴面环境中，需等到叶子开始枯萎的时候再浇水，这样能够抑制植物疯长。栽培土中需混入40%左右的小石子，帮助水分流出。由于圣诞伽蓝菜属于短日照花草，想要快点看到它开花，在下午5点至第二天上午8点的时候，用黑色塑料袋或布将它遮住，等到第二天上午8点以后再打开。

2. 它能够吸收二氧化碳、释放氧气、净化空气。生长处需避免阳光直射，最好放在阳光温和的阳台或窗边，这样它才能开出漂亮的花。如果长时间栽培，茎会逐渐木质化。

3. 圣诞伽蓝菜有毒性，不能食用。

繁殖

3. 插枝

将茎和它末端的叶子清理干净，插到准备好的土或水中。由于圣诞伽蓝菜属于多肉植物，需确认土壤内部完全干涸后再浇水。

1. 剪茎和叶子

圣诞伽蓝菜主要通过插枝繁殖，用剪刀将它的茎和叶子剪下来。

2. 准备茎和叶子

准备插枝用的茎和叶子，圣诞伽蓝菜也可以通过插叶繁殖，如果能将茎末端浸到水中更好。

小圣诞伽蓝菜

小圣诞伽蓝菜属双瓣花，叶子外观和圣诞伽蓝菜十分相似。

肉眼可见锋利刺的
铁海棠

植物信息

学名	*Euphorbia milii*
分类	大戟科多年生、多肉植物
原产地	马达加斯加
特征和功效	晚上可吸收二氧化碳，释放氧气。

结婚前我居住的房子前摆满了花盆，每次下班回家之前都会看一眼它们。有一天，我在看这些植物时，突然发现栽培苏子叶的花盆里突然长出了一株多肉植物，查找资料后发现它是铁海棠。它的花语是"珍藏苦难的深度"，因为它长有尖尖的刺，所以有人称它为"耶稣的花"。但是，它和白鹤芋一样，最外面的花瓣是佛焰苞，里面圆形的部分才是真正的花。

栽培信息

难易度	●●○○○
繁殖	插枝、种子
浇水周期	土壤里层干涸几天后再浇满水
培育适温	13～25℃，最低5℃
光照度	阳面、半阳面
推荐空间	阳台、窗边、户外空间等

提示

1. 铁海棠的茎有很粗的刺,换盆或插枝的时候一定要戴手套,最好用报纸将它包裹好,避免刺伤手指。有阳光处,它生长得很茂盛。铁海棠也能在半阴面生长,但是不一定会开花。它的抗干燥能力很强,换盆时,需要在土中混入40%~50%的小石子,有利于排水。

2. 作为观赏用的多肉植物铁海棠能够释放负离子、吸收电磁波;夜间能够吸收二氧化碳、释放氧气。

3. 铁海棠有解毒、止血的功效,可以入药。剪茎时,流出的白色液体具有毒性,不能随意食用。尤其注意不要将白色液体沾到伤口上或眼睛里。

4. 铁海棠的佛焰苞有红色、淡黄色、白色、朱黄色等,可根据喜好选择栽种。

装饰花盆

1. 裁剪文件信封

我们需要装饰如图所示不太好看的花盆,准备一个文件信封,裁剪成花盆大小,也可以用漂亮的包装纸或彩色信封。

2. 包裹花盆

将大小合适的信封包裹在花盆外面,里面的花盆不要露出来。

4. 插枝

将插枝的铁海棠插在苏子叶花盆中,如图所示。如果想要通过插枝繁殖,剪茎后将白色的液体洗干净,然后插在土中即可。

3. 绑丝带

将丝带绑在信封外面将其固定。

石头墙里生长的

胧月

　　我常常能够看到玄武岩的岩石缝里长出的胧月。可能是被人们采摘的原因，石头中的胧月叶子长得很不像样，我当时选了几个状态比较好的叶子，打算回去插叶繁殖。但是没有准备栽培的小石子和床土。于是我在花坛中选了一些不易储水的土壤，将塑料冰激凌盒子当作花盆，一切准备好后将胧月叶子轻轻放入花盆中。可惜还没有看到它长出新苗，我就回工作的城市了，后来听老家的人说它长得很好。

植物信息

学名	*Graptopetalum paraguayense*
分类	景天科多年生、多肉植物
原产地	墨西哥
别名	农月、宝石花
特征和功效	晚上可吸收二氧化碳，释放氧气。

栽培信息

难易度	●●○○○
繁殖	插茎、插叶、分株、种子
浇水周期	在叶子枯萎没有生机的时候浇水
开花时期	只要环境合适会随时开花
培育适温	16～25℃，最低0℃
光照度	阳面、直射光
推荐空间	阳台、窗边、户外空间等

提示

1. 阳光不足时，胧月会开始疯长，且靠近下面的叶子会掉落。最好将它放在阳光充足的地方，这样它才能长得更漂亮。此外，经常浇水也会致使它疯长，应在叶子枯萎时再浇水。胧月的抗干燥能力非常强，一个月浇一次水也可以；因此需要在栽培土中混入50%～70%的小石子，以帮助排水。如果是在温度适宜的地区，它可以在室外越冬；但如果是其他地方，则需要将它移至阳台。

2. 胧月能够释放负离子、吸收电磁波；晚上时能够吸收二氧化碳、释放氧气。

3. 胧月一般作为观赏植物栽培，它的叶子可以食用，具有药效。

4. 胧月的底部茎长得很挺拔。可以根据自己的喜好修型。

家乡济州岛的胧月

1. 收集叶子

这是我在玄武岩中发现的胧月，部分叶子已经掉落，我挑选了一些生长状况较好的叶子。

2. 插叶成功的胧月

胧月的插叶成功率接近100%。因为是济州岛，它可以直接在户外越冬，具体的插叶方法可以参考第68页。

3. 确认零余子

胧月不仅仅可以通过插枝繁殖，还能通过母体周边的小零余子繁殖。

4. 欣赏花

胧月的花长得很像星星，非常可爱，叶子也和花长得很像。

早上开新花的

马齿苋

　　马齿苋又被称为花纹半枝莲、五行草、五方草等。在中国，部分品种是马齿苋和半枝莲的改良品，所有才会被称为半枝莲。改良品吸收了马齿苋和半枝莲的优点，椭圆形的叶子像马齿苋，花长得半枝莲；它的叶子周边有粉色的花纹，这也是它的魅力所在。马齿苋的花期只有一天，和半枝莲相似，第二天早上会再开出新花。

植物信息

学名	*Portulaca oleracea*
分类	马齿苋科1年生、花草、多肉植物
原产地	中国
别名	五行草、花纹半枝莲、五方草、花纹太阳花
特征和功效	可观赏叶子和花。

栽培信息

难易度	●●○○○
繁殖	插茎、分株、种子
浇水周期	土壤内部干涸后浇满水
开花时期	夏天～秋天
培育适温	16～30℃，最低15℃
光照度	阳面、直射光
推荐空间	阳台、窗边、户外空间等

提示

1. 马齿苋具有多肉植物的特性，经常浇水会让它疯长，茎和叶会很快枯萎。一般来说，马齿苋比其他多肉植物更需要水分，但需要在土壤干涸后再浇水。尤其是当它在阳光不足的地方，更要减少浇水的频次。换盆时，需在土中混入30%～40%的小石子，帮助水分排出。

2. 马齿苋既是花草，又是多肉植物，它的花和叶子都可以观赏。在阳光不足的环境中，马齿苋叶子周边不会有粉色的花纹，甚至都不会开花。因此，建议大家在阳台、窗边、户外等空间栽培。冬天的时候如果好好栽培，它也能够成为多年生植物。

3. 马齿苋的茎会不断向外延伸，相比一般的栽培花盆，悬挂式的花盆更加适合。

马齿苋的种类

马齿苋

马齿苋的花期只能维持一天，但是第二天早上又能开新花。叶子周边会有粉色的花纹，但在阳光不足的环境中花纹会渐渐消失。

一般马齿苋

它的叶子没有花纹，它的花色比较丰富，有粉红色、黄色、红色等。

重瓣马齿苋

马齿苋花色一般是黄色或白色。叶子和一般马齿苋一样是草绿色的，没有花纹。

半枝莲

半枝莲和马齿苋的花相像，其实马齿苋是半枝莲的改良品种，所以叶子和花都长得相似。

芬芳的绿色
碰碰香

植物信息

学名	*Plectranthus tomentosa*
分类	唇形科多年生、香草、观叶植物
原产地	地中海沿岸
别名	一抹香、绒毛香茶菜
特征和功效	国外用于制药，加湿效果很好。

栽培信息

难易度	●●○○○
繁殖	插枝
浇水周期	土壤内部干涸后浇满水
培育适温	17～25℃，最低10℃
光照度	阳面、直射光、半阳面
推荐空间	阳台、窗边、户外空间等

　　轻轻抚摸碰碰香的叶子时，它能散发出玫瑰或柠檬香味，闻起来特别舒适、清爽。俯视时会发现它长得十分像玫瑰，非常漂亮。之前，我曾救活一株即将要枯死的碰碰香，当时栽培它的人经常浇水，致使它下面的茎都变成了褐色。于是我将它下面褐色的茎全部剪掉，保留上面草绿色的部分，并将其插枝，它又活过来了。碰碰香通过插枝繁殖，不易滋生病虫害，不需要经常浇水，栽培方法并不难。

提示

1. 碰碰香适合在阳光充足处生长，但也能在明亮的半阴面存活。如果它下面的茎开始疯长，就要将它剪掉，保留好的部分，也可以借机修形。碰碰香耐干燥能力较强，不能适应过度潮湿的环境，不需要经常浇水，且在土中需混入30%~40%的小石子，帮助排水。当你发现它的叶子开始变成淡褐色，下面的茎部也开始发生木质化，再继续浇水，会让它颜色渐渐变成深褐色，然后彻底枯死。

2. 碰碰香可使植物周围的空气变得湿润、还能净化空气。

3. 在国外，碰碰香常常被用来制药或是用来热敷，但一般不食用，仅作为一种观赏香草。将碰碰香放到沸水中冲泡后饮用，可缓解感冒引发的不适症状。

繁殖

1. 确认新苗
仔细观察叶子部位，你会看到茎和叶子之间会长出新苗。将这个新苗上面的茎剪掉，它会长得更加茂盛，将剪掉的茎进行插枝。

2. 剪枝
将长得格外长的茎或疯长的茎剪成合适的长度，剪掉的茎可以作为插枝用。如果茎长得不好，会容易变软，所以一定要格外注意。

3. 整理下面叶子
将茎下面的叶子整理出来插在土中。插在土中的这些叶子会重新长出新根，但是长出新苗的可能性很小。

4. 插在土中
将茎插在易排水的土壤中，然后浇水。碰碰香是一种非常适合插枝繁殖的植物。

像烛火的
蜂香脂

植物信息

学名	*Plectranthus coleoides*
分类	唇形科多年生、观叶植物
原产地	印度
别名	吸毒草、柠檬香蜂草
特征和功效	杀菌、杀虫，可观赏叶子。

栽培信息

难易度	●●○○○
繁殖	插枝
浇水周期	土壤内部干涸后浇满水
培育适温	17~25℃，最低10℃
光照度	阳面、直射光、半阳面
推荐空间	阳台、窗边、户外空间等

　　蜂香脂叶子上面的花纹能够让人联想到蜡烛的烛火，叶子非常柔软，摸起来就像是在摸羽毛一样；阳光充足时，叶子边缘的白色花纹会渐渐变成紫色。蜂香脂和碰碰香都属于"香茶菜"属，长得十分相似。蜂香脂散发出来的味道害虫都不喜欢，能够作为天然防虫剂。香茶菜属中，没有蜂香脂花纹的叫作"如意蔓"；花朵为紫色的为紫凤凰。其中，碰碰香、蜂香脂和紫凤凰常常能够在香草农场中看到。只要有阳光，就很容易栽培。

提示

1. 蜂香脂和碰碰香同是香茶菜属，栽培方法也相似。在阳光充足处会长得很结实，能在明亮的半阴面存活。蜂香脂耐干燥能力较强，不能适应过度潮湿的环境，不需要经常浇水，且需在土中混入30%~40%的小石子，帮助排水。

2. 蜂香脂的叶子中散发出来的香味可以杀菌、杀虫且不易滋生病虫害，还能够赶走周边的害虫、蚊子、苍蝇等。它的叶子长得很好看，适宜观赏。

3. 蜂香草不能作药用，也不能食用，它更适合作为一种观赏用的观叶植物。它叶子的香味能够驱除害虫，常常被当作是香草。

4. 它的茎长得很低，且越长越长，相比一般的花盆，它更适合在悬挂式花盆中栽培。

繁殖

1. 准备剪茎

蜂香脂适合插枝繁殖，首先将它的茎剪下。

2. 插入水中

将茎下面的部分叶子整理干净，放到水中浸泡，等到长出根部的时候，立刻取出插到排水效果好的土壤中栽培。

紫凤凰

它的学名中带有"Lavender"（薰衣草）这个单词，但它并不属于薰衣草，而是香茶菜属。它的叶子前面是深绿色，后面是紫色。香茶菜属的植物花的模样很相似。

如意蔓

它的叶子和花与蜂香脂十分相似，但是上面没有花纹，也不会散发出任何味道。

**花的颜色
可变七次的**

马缨丹

　　我第一次栽培马缨丹时将它放在朝南向的窗边，但是因为有屋檐遮挡，所以阳光严重不足。在这种环境下，马缨丹的茎也开始疯长，且开出来的花也很快凋谢，上面还布满了温室白粉虱。于是我将生长状况不好的叶子全部剪掉，并移至阳光、通风条件好的地方，温室白粉虱逐渐消失，并再次开出漂亮的花。马缨丹别名"七变花"，它花蕊的颜色会逐渐发生变化，这也是令人惊奇的地方。在马缨丹的原产地，即使周边环境杂草丛生，它也完全不受影响，依然会开出很漂亮的花。

植物信息

学名	*Lantana camara*
分类	马鞭草科多年生、香草、花草
原产地	美洲热带地区
别名	七变花、八色草、七宝花、五色梅
特征和功效	主要可观赏花。

栽培信息

难易度	●●●○○
繁殖	插枝、种子、分株
浇水周期	土壤表面干涸后浇满水
开花时期	环境合适随时开花
培育适温	16～30℃，最低5℃
光照度	阳面、直射光、半阳面
推荐空间	阳台、窗边、户外空间等

提示

1. 马缨丹易滋生温室白粉虱等害虫,晚春时提前喷洒杀虫剂可以预防害虫。如果在阳光不足、通风条件不好的地方,易滋生病虫害。在病虫害较多的夏季要注意防范并及时浇水。马缨丹可以通过剪枝修形。

2. 当马缨丹顺利地度过夏天后,花期会变长,常常被栽种在公园里。

3. 马缨丹可以作为药用,对镇痛、解毒、解热等有一定的效果,但是它有毒性,家庭不能随便使用。如果用手触摸到马缨丹,一定要将手洗净,不要触碰到嘴巴。尤其要注意防止孩子、宠物接触到。

繁殖

1. 插枝

将它的茎剪下来、将茎下面的叶子整理干净,插到装有水的玻璃瓶中。当然也可以插到易排水的土壤中。

2. 确认新根

大约两周时间,插入到水中的马缨丹茎会长出新根,此时需要将其移至土中栽培,也可以再等到根长长的时候再移植。

3. 鉴赏花

马缨丹的花非常小,就像是水菊花一样,最大的特征就是能变色,所以又被称为"七变花"。

4. 确认果实

花凋谢后,会长出几个圆圆的淡绿色果实,渐渐变成黑色时,采种并晒干。

一摸叶子就会蜷缩的
含羞草

含羞草的叶子一碰到就会蜷缩起来，建议有孩子的家庭栽培，这种新奇的花草肯定会受到孩子们的喜欢。到了晚上，即使不用手去触碰，含羞草的叶子也会自觉蜷缩，这种现象通常被称为"闭合运动"。含羞草秧苗在晚秋至初春期间很难买到，只有4～5月份才能买到。含羞草在原产地是多年生植物，但在冬季时间长且气温低的地区，它逐渐就成了一年生植物，所以天气较冷的时候，很难买到种子。如果想要在较冷的季节栽培含羞草，可以直接买种子栽培。

植物信息

学名	*Minosa pudica*
分类	豆科一年生、香草
原产地	巴西
别名	感应草、知羞草、见笑草
特征和功效	可作为药材使用。

栽培信息

难易度	●●●○○
繁殖	种子、插枝
浇水周期	土壤表面干涸后浇满水
播种时期	3月中旬～6月初（20℃左右）
培育适温	25～30℃，最低10℃
光照度	阳面、直射光、半阳面
推荐空间	阳台、窗边、户外空间等

提示

1. 含羞草在阳光充足处生长状态良好。当发现表层土干涸后就需要浇水。平时需要在周边喷雾，保持空气的湿度。夏天更是不要让它缺水。当含羞草长大时，茎叶上的刺容易扎人，所以在此之前最好将其换盆。

2. 如果经常触碰含羞草的叶子，会影响含羞草的闭合运动。

3. 含羞草可以作为药用，可缓解肠炎、胃炎、失眠症等不适。但不宜随便食用。

栽培种子

1. 播种

将含羞草种子与其他种子一起放在浸湿的棉花上，有助于它发芽。几天后，确认它长出新根时，将其移至土壤中，等到它长出子叶后，再给它浇水，保持湿润的环境。

2. 确认新苗

将新苗放到土中后不久就能长出子叶，在阳光充足的环境下，它会长得更加结实。当表层土干涸后应及时浇水。

3. 确认本叶

子叶长出后一周左右，就能看到本叶。刚开始时，本叶只有一株，但是叶柄会渐渐地分成两株并向上生长。

4. 欣赏花

当茎和叶子十分茂盛的时候，夏天就能开出粉红色的花。如果是在阳台或窗边栽培，可以用毛笔或棉签轻轻沾花蕊进行采种。

挂满葡萄子的

葡萄
风信子

葡萄风信子，即使放在庭院中不被照料，每年也能开花，易栽培。它并不是野生花，只是花看起来较朴素。它真正的花如同葡萄籽似的一粒粒堆积在一起，十分可爱。

一般人都会认为葡萄风信子的花是紫色的，但还有白色、天蓝色、淡粉色的花。葡萄风信子属于风信子品种，它的花和叶子十分相似。

植物信息

学名	*Muscari armeniacum*
分类	百合科多年生、花草
原产地	欧洲、非洲北部、西南亚
别名	蓝壶花
特征和功效	春季时令球根花草，花可以欣赏。

栽培信息

难易度	●○○○○
繁殖	球根、种子
浇水周期	土壤内层干涸后浇满水
球根种植	10～12月，春天开花
培育适温	10～15℃，球根可以在户外越冬
光照度	阳面、直射光、半阳面
推荐空间	阳台、窗边、户外空间等

提示

1. 球根种植后，在9℃以下的低温保管45天后，春天就能开花。葡萄风信子耐寒性较强，它的叶子能够在冬天存活。开花后，如果温度升高，花会立刻枯萎，容易疯长，最好将它放到明亮且阴凉的地方栽培。如果是在庭院中栽培，种植的深度较浅。葡萄风信子不易产生霉菌，若发现霉菌，用消毒的刀将发霉处清理净后再开始栽培。球根植物也可以通过种子繁殖，但是所需的时间较长，并不建议采用。

2. 葡萄风信子是一种观赏植物，可使空气变得湿润，并且能够释放负离子。它可以作为花束使用，散发出来的香气能够作为芳香剂。

3. 葡萄风信子一般作为观赏植物，不食用；但是在希腊，它的球根可以食用。需要注意的是，风信子的球根有轻微的毒性，在家里不要随意食用。

1. 种植球根
葡萄风信子可以通过球根繁殖，将球根放入到混有30%~40%小石子的土壤中，上面再盖一层土，然后放到低温阳台或走廊上。

2. 确认叶子
大约一周的时间，浅绿色的叶子会渐渐从土中冒出，它非常小，不仔细看很容易就错过了。

3. 管理生长中的叶子
叶子在生长期间，最好将其放到阴凉处栽培。高的温度会让叶子没有生机，且易疯长。不同大小的球根叶子厚度和个数均不同。

4. 欣赏花
到了春天的时候，球根会长出漂亮的花。等到叶子和花都枯萎后，将球根取出，用报纸包裹后放到阴凉处，秋天的时候再开始栽培。

香气迷人的名贵品种

风信子

植物信息

学名	*Hyacinthus orientalis*
分类	百合科多年生、花草
原产地	地中海沿岸、西亚
别名	洋水仙
特征和功效	春天代表性的球根花草，花可以欣赏。

小的时候，我以为风信子是只会在书中出现的植物，长大后发现，一到春天，风信子就经常出现在花卉市场和花店里。即使这样，在我的记忆中，风信子依然是一种神奇的花草。风信子的花有粉红色、白色、蓝色等各种颜色，但单从叶子上无法得知花的颜色，需要仔细查看球根的颜色。一般情况下，风信子球根的颜色会对应花的颜色。风信子主要是从秧苗开始栽培，如果是从球根开始，需要像其他秋植花草一样，在秋天种植，且低温保管。

栽培信息

难易度	●●○○○
繁殖	球根、种子
浇水周期	土壤表层干涸后浇满水
球根种植	10～12月，春天开花
培育适温	10～23℃，球根可以户外越冬
光照度	阳面、直射光、半阳面、半阴面
推荐空间	阳台、窗边、户外空间、明亮的客厅、办公室等

提示

1. 信子的球根一般很难存活，且球根会越长越小，花也会随之越来越小，所以最好每年都栽培一个新球根，这样长出来的花才是原来的模样。如果不在乎花的大小，又想在第二年看到开花，那么就需要在营养成分高的土壤中栽培球根。开花后，温度上升会导致花凋谢，需要将其移至半阴、凉爽的地方。栽培时，在土中混入30%～40%的小石子，帮助排水。当还没开花只有叶子的时候，等到土壤内部干涸后就浇水；开花后，就需要增加浇水频次。

2. 风信子是观赏类植物，它的香味十分独特，经常被用于香水制作中。花的颜色不同，香味也不同。

3. 风信子可以放在玻璃瓶、一次性杯子中进行无土栽培。无土栽培时，提高空气的湿度有助于植物生长。除此之外，风信子常常被当作礼物制成花束。

无土栽培

1. 根据球根的颜色区分
知道风信子球根的颜色，就能知道它的花色。深紫色的球根会开紫色的花；白色的球根会开白色的花，紫色的球根会开紫色或粉红色的花。

2. 将土清理干净
无土栽培时，先将根部的土清理干净，最好在水中清洗干净。

3. 准备一次性杯子
准备一个一次性杯子和杯盖，将杯盖穿一个孔，使球根可以插进去。

4. 放入球根
将装有球根的杯盖放入到一次性杯子中，它的根部正好接触杯底。也可使用其他杯子或玻璃杯等。向杯子中注入适量的水，水平面正好能接触根部即可，2～3天就换一次水。

叶子和花如心形的
酢浆草

植物信息

学名	*Oxalis triangularis*
分类	酢浆草多年生、花草、观叶植物
原产地	南非、南美
别名	红色酢浆草
特征和功效	可观赏叶子和花。

栽培信息

难易度	●●○○○
繁殖	球根、种子
浇水周期	土壤表面干涸后浇满水
球根种植	9～10月
开花时期	环境合适随时开花（休眠品种在秋天至春天开花）
培育适温	15～20℃，最低5℃
光照度	阳面、直射光、半阳面
推荐空间	阳台、窗边、户外空间、明亮的客厅、办公室等

　　酢浆草对光照条件十分敏感，光照不足时，它的花和叶子会立刻蜷缩起来。严重时甚至不会开花。在我朝东向的阳台上，紫色酢浆草能够正常生长，但风车酢即使花蕾保存的很好，也不一定会开花。每到播种时，我都会在花盆旁边放一个照明设备，帮助其开花；即使是在明亮的空间，我也在旁边放置两盏三波长灯管，给予它足够的光照。在这样的环境中，风车酢的花蕊也会逐渐恢复生机，开始开花。

提示

1. 酢浆草的生命力非常强，即使将它的叶子全部剪掉，球根也能够继续长出新叶子。它的抗病虫害能力也非常强。青色酢浆草就像杂草一样，即使它的种子不小心掉落到其他花盆中也能正常生长。夏天需要休眠的酢浆草品种，等到它叶子完全枯萎后，用报纸等将球根包裹住，放在通风的地方保管，秋天可再栽种。如果认为取出球根单独保管较麻烦，可以直接将它放在花盆中，不要浇水，秋天时再浇水。

2. 青色酢浆草和紫色酢浆草的叶子很大，不休眠，可作为观赏叶子植物；休眠品种可观赏花。阳光不足时，酢浆草容易疯长，最好将它移至阳光充足的阳台、窗边、户外空间等，有助于其生长。

3. 酢浆草球根较少，长出来的叶子很稀疏，最好可多种植一些，这样叶子才会布满整个花盆，看上去十分茂盛。

酢浆草的种类

风车酢

叶子前面有白色的花纹，后面是红色的花纹。夏天时，叶子会枯萎，然后进入休眠状态，将它的球根取出保管，等到秋天的时候再种植。

青色酢浆草

青色酢浆草的花与紫色酢浆草长得相似，草绿色的叶子就像三叶子一样。它与紫色酢浆草一样，夏季不会休眠，可以观赏一年左右。青色酢浆草不仅仅能开出粉红色的花，还能开出白色的花。

黄花酢浆草

夏天时会休眠，叶子像玻璃球一样会发光，十分有魅力。花呈黄色，相比其他酢浆草，可以在阴天开花。

芙蓉酢浆草

芙蓉酢浆草叶子和花与风车酢十分相似，夏天时也会休眠。但是风车酢花呈白色，芙蓉酢浆草花呈紫色，这也是它们最大的不同。

紫色酢浆草换盆

1. 分离秧苗

将紫色酢浆草的秧苗分离开来，以方便换盆。如果叶子的整体状态看起来很好，就将它移至一个大花盆中种植。

2. 筛选球根

叶子整体状态不好，或是无法移至大花盆中种植，换盆时，将秧苗的土全部清理干净，只保留麻花状的土黄色球根即可。

3. 再次种植球根

栽培土壤中混入30%~40%的小石子，将紫色酢浆草放到土中。大约一周，就会长出紫色的小叶子。

4. 欣赏花

紫色酢浆草的花呈淡紫色，花形较娇小，十分可爱。

风车酢球根种植

1. 确认球根

风车酢的球根呈水滴形，夏天时叶子会完全枯萎进入休眠状态，此时需要将球根单独取出，用报纸等包裹好，等到秋天的时候再种植。

2. 种植球根

它的球根很小，可以在一次性杯子中种植。将一次性杯子底部戳几个孔，里面填满混入30%~40%小石子的土壤，放入球根。

3. 确认新叶

球根种植后两周时间就能看到新叶子。阳光不足时，植物会疯长，一定要保证充足的光照。

4. 欣赏花

11~12月，它就能开出酷似风车的花朵。光照充足的白天，它能立刻开花，到了晚上就会凋谢，所以阳光不足的环境中，它不会开花。

开出漂亮花的球根植物

　　球根植物通过土壤中长得十分像洋葱的球根进行繁殖，也可以通过种子繁殖。对比球根繁殖，种子繁殖所需的时间更长，且本应该进入到球根中的营养会进入到种子中，所以我不建议用种子繁殖。此外，存储营养的球根如果腐烂或生霉，植物会无法存活，一定要将球根放到光照和通风条件好的地方，及时浇水。为了防止球根产生霉菌，可以提前将霉菌灵、漂白水等防霉剂在500~1000倍水中稀释，对植物进行消毒。当发现球根已经生霉，直接用消毒后的刀将霉菌清除干净。

　　大部分的球根植物在较凉爽的秋季（10~12月）种植，所以一般被称为"秋植球根"，它们抵抗高温的能力较弱，夏季时叶子会枯萎进入休眠状态，此时需将球根取出，用报纸包裹好后放到通风处保管。若条件允许，可直接换成新土，并放置在阴凉环境中。需要注意的是，一定要等到秋天时候再浇水。如果是在户外庭院中栽培，为了防止球根冻伤，一般会将它埋到土壤更深处；但如果是放在阳台、窗边等低温环境的花盆中栽培，就不需要埋那么深。温度升高时，球根植物会疯长，秋后就不会再开漂亮的花，一定要将它放到阴凉的地方。适合春天栽培的球根叫作"春植球根"，它无法适应寒冷的环境，冬天时会休眠，夏天至秋天会开出漂亮的花。

秋天种植，春天开花的秋植球根
水仙花、郁金香、香雪兰、红番花、花毛茛、银莲花、花匪、酢浆草、葡萄风信子、风信子、葱、百合等
春天种植，夏天至秋天开花的春植球根
大丽花、唐菖蒲、美人蕉、水芋、孤挺花、大岩桐

大岩桐　葱莲

大丽花　花毛茛

银莲花　红番花

花韭　香雪兰

充满春天气息的
水仙花

植物信息

学名	*Narcissus tazetta*
分类	水仙花科多年生、花草
原产地	地中海沿岸、济州岛、中国、日本
别名	水仙、水中花
特征和功效	春天代表性的球根花草，花可以欣赏。

栽培信息

难易度	●●○○○
繁殖	球根、种子
浇水周期	土壤内层干涸后浇满水
球根种植	10～12月，春天开花
培育适温	13～20℃，球根可以在户外越冬
光照度	阳面、直射光、半阳面、半阴面
推荐空间	阳台、窗边、阳光较温和的室外空间

在我的印象中，风信子是比较名贵的品种，水仙花则随处可见。中间部分是黄色的，第二层花是白色的形似"金杯玉座"的重瓣花，被称为"济州水仙"。这种品种只生长在像济州岛这样的南方地带。

提示

1. 如果在庭院中栽培水仙，它的球根需要埋得深一点，深度最好是球根的2倍；如果在花盆里栽培，就不需要那么深。此外，将球根在10℃以下的低温中保管45天，春天时就能开出漂亮的花。叶子长出后，尽量将它放到阴凉处，避免疯长。开花时，如果周围温度升高花会立刻凋谢，需要将其移至凉爽处，土壤内部干涸后要立即浇水，春季需增加浇水的频次。如果球根有霉菌，用消毒后的刀将霉菌清理干净，将球根消毒后再栽培。
2. 水仙是观赏植物，它的香味十分独特，经常作为制作香水的原料。
3. 水仙花常常被入药，用于治疗脓包、关节炎等。将水仙的花烘烤后可以制作水仙花茶，但是处理不当也是有毒性的，食用时一定要注意。
4. 水仙可以在土中栽培，也可以在玻璃瓶、一次性杯子中无土栽培。无土栽培时，提高空气湿度有利于植物生长。如果想要次年再次种植球根，第一年就需要在土中栽培。水仙花也常常作为花束，出现在花店中。

1. 剪掉枯萎的花

我们常常在花店中买到迷你水仙。如果花枯萎，需直接用剪刀剪掉，这样其他的花茎才能更容易开花。

2. 剪掉花茎

所有的花都枯萎后，将花茎剪掉，只留下叶子。叶子也不要随意丢弃，一直等到它枯萎为止。

3. 等到枯萎

随着温度的升高，叶子会变黄，完全干枯之前，都不要浇水。

4. 取出球根

等到水仙完全干枯后，挖出土壤中的球根。将球根上的土清理干净后用报纸包裹，秋天种植前，将它放在通风处保管。

拇指姑娘的家

郁金香

植物信息

学名　　　　　*Tulipa gesneriana*
分类　　　　　百合科多年生、花草
原产地　　　　土耳其、中亚
特征和功效　　春天代表性的球根花草，可
　　　　　　　以净化空气。

我买了一些郁金香球根，将其中的6株在10月末种植在阳台的花盆中；剩下的几株放在冰箱里低温存储45天，在12月初开始种植。如果是秧苗，也是差不多的时间，但是经低温存储后的秧苗生长速度较慢，所以球根会先开花。生长速度如果过快，根部会比较弱，叶子和茎长得不会结实。郁金香的球根在阳台栽培，不易疯长，且低温处理也不会对其有影响，一般在第二年4月初就能开花。

栽培信息

难易度	●●●○○
繁殖	球根、种子
浇水周期	土壤表层干涸后浇满水
球根种植	10～12月，春天开花
培育适温	15～20℃，球根可以在户外越冬
光照度	阳面、直射光、半阳面、半阴面
推荐空间	阳台、窗边、户外空间等

提示

1. 郁金香的球根一般很难存活，且球根会越长越小，花也会随之越来越小，所以最好每年都栽培一个新球根。也可以在营养成分高的土壤中栽培球根。如果在庭院中栽培，需将球根埋得深一点，深度最好是球根的2倍；如果是在花盆中栽培，那么就不需要那么深。一般情况下，球根的低温处理要在5℃以下，但10℃以下的阳台也可。栽培秧苗时，需确认土壤内层干涸后再浇水；开花时，需等到表层土干了之后再浇水。如果发现有霉菌，用消毒的刀清除霉菌，对球根消毒后再栽培。

2. 郁金香能够吸附甲醛、苯等，能够净化空气。根据开花时期，郁金香可分为早熟种、中熟种和晚熟种，要想在同一时间看到盛开的花，就需要挑选同一品种。

3. 以前，郁金香的球根可以磨成粉，混到面粉中食用，但是会导致皮肤发炎，而且也没有味道，所以现在几乎没有人食用它。

4. 郁金香的球根最容易产生霉菌，所以最好将它放入花盆中栽培。也可以无土栽培，但是也需要时刻注意防止滋生霉菌。

1. 种植球根

为了避免出现霉菌，需将球根表皮撕掉，并放到已稀释1/1000～1/500的漂白剂或苯菌灵中消毒。栽培土壤中需混入30%～40%的小石子，球根与球根之间需保持一定距离。

2. 确认秧苗

浇完水后在10℃以下、通风条件好的阳台栽培，秧苗长出之前可放在阴凉处，但是秧苗长出来后需要移至有阳光的地方。大概1月末，秧苗会长出来。

4. 欣赏花

一般情况下，3月中旬生长速度会加快，4月就能看到漂亮的郁金香。随着温度升高，郁金香的花会逐渐枯萎，开花时最好将它移至阴凉的地方，这样才能延长花期，可以长时间欣赏到花。

3. 保持低温栽培

低温环境中，郁金香的秧苗生长速度比较慢，随着温度的升高，生长速度也会逐渐变快。但在高温环境中易疯长，2～3月需要保持低温环境，让它缓慢生长。

迷你紫色花

风铃草

　　印象中风铃草的花是紫色的，而且非常小，绽放时会布满整片草地。后来了解到，风铃草颜色和大小各种各样。我之前收到过风铃草，但是是在初夏，没过多久，它就谢了。于是我将它搬到阴凉处，很快又开花了。换盆时，土附近的茎和叶子开始变成褐色，之后就枯萎了。即使花费了很多精力去照料，状态依然不好的秧苗，就很难再健康存活了。

植物信息

学名	*Campanula poscharskyana*
分类	桔梗科1～2年生或多年生、花草
原产地	北部温带、地中海沿岸
别名	风铃花
特征和功效	春天代表性的球根花草，可以欣赏花。

栽培信息

难易度	●●○○○
繁殖	分株、种子
浇水周期	土壤表层干涸后浇满水
播种时期	春天、秋天（20℃左右）
开花时期	春天～夏天
培育适温	15～25℃，最低0℃
光照度	阳面、半阳面
推荐空间	阳台、窗边、户外空间等

提示

1. 风铃草不适应酷暑及夏天的强光照，否则花卉会立刻凋谢。夏天时，最好将它放到阴凉、通风处，这样才能长时间欣赏到花并减少病虫害。其他季节需将它放在阳光温和的阳台或窗边等，这样它会更茂盛。

2. 如果你想要看到满满盛开的花，就需要多种植几株风铃草。相比一般花盆，悬挂式花盆更适合栽培风铃草，这样才能更好地观赏花。

1. 欣赏花
我们经常看到的风铃草的花都是紫色的，且体形较小，就像缩小的桔梗花。

2. 剪掉凋谢的花
当花从紫色变成蓝色时，就说明它即将开始凋谢，此时应将这部分剪掉，这样才能开新花。

3. 剪枝
风铃草不能忍受酷暑，所以夏天时需要将它放到通风处。等到花完全凋谢后，再全部剪掉。

4. 确认其他花的品种
风铃草的种类有很多，也有向上生长且能开出更大的花的品种。

花上带白点且
独具魅力的
瓜叶菊

　　瓜叶菊在原产地属于多年生植物，耐低温，但无法适应高温。一般在早春或晚冬时，市场才会销售瓜叶菊。如果想在早春时欣赏到它的花，且家里又能维持低温环境，就可以试试栽培瓜叶菊。瓜叶菊的花语是"喜悦、闪耀"，花中间还有白色的花纹，是不是看起来更加闪耀了呢？

植物信息

学名	*Senecio cruentus*
分类	菊花科2年生、花草
原产地	加纳利群岛
特征和功效	主要欣赏花。

栽培信息

难易度	●●○○○
繁殖	分株、种子
浇水周期	土壤内层干涸后浇满水
播种时期	9～10月（20℃左右）
开花时期	春天
培育适温	10～15℃，最低3℃
光照度	阳面、半阳面
推荐空间	阳台、窗边、户外空间等

提示

1. 瓜叶菊无法适应炎热的生长环境，夏天时，需将它移至凉快的地方。购买秧苗后，在土中混入30%~40%的小石子，帮助排水，这样换盆后可延长花期。瓜叶菊的生长速度很快，秋天播种，初春就能看到开花。瓜叶菊易滋生蚜虫，需要时常观察茎和叶子的生长状态，如果发现害虫要及时喷洒杀虫剂。

2. 光照不强的环境中，花期较短，温度升高时，需要将它移至光照和通风条件好的地方，最好是阳台、窗边、户外空间等。

3. 瓜叶菊主要作为观赏植物，但是它的花也可以食用。市售秧苗一般在栽种时使用生长抑制剂，食用的时候一定要注意。

1. 欣赏花

花的中间部分是白色的、外部是其他颜色。当然，也有无白色花纹、纯色的品种。采种时，用毛笔或棉签沾取。

2. 确认叶子

瓜叶菊的叶子和菊花不一样，就像南瓜叶一样非常大，而且软。

3. 整理凋谢的花

瓜叶菊的花期一般会维持一个月左右，光照不足或天气变冷时，花就会凋谢，需要及时清理干净。花直接接触到水滴后会加快枯萎的速度。

叶子长得像铜钱一样的

破铜钱

破铜钱是水生植物，叶子形状酷似硬币，颜色似像莲叶。从远处看，破铜钱和旱莲很难分辨，但破铜钱叶子比较光滑，且叶子体形比旱莲大。水生破铜钱可以无土栽培。它的繁殖能力非常强，只要有阳光，瞬间就会生长得很茂盛。相反，如果阳光不足，叶子会逐渐枯萎。

植物信息

学名	*Hydrocotyle umbellate*
分类	伞形科多年生、观叶植物
原产地	美洲
别称	铜钱草、水铜钱草
特征和功效	主要欣赏花。

栽培信息

难易度	●●●○○
繁殖	分株、种子
浇水周期	土壤表层干涸前浇满水
培育适温	18～25℃，最低5℃
光照度	阳面、半阳面
推荐空间	阳台、窗边、户外空间等

提示

1. 将破铜钱种植到土中的时候，要保持土壤湿润；平时在叶子周围喷雾，保持空气的湿度。如果是带有排水口的花盆，最好在盆底放置可在底面灌水的装置，以便随时补充水分。破铜钱的繁殖能力非常强，分株后能迅速繁殖，一般在晚春或夏天的时候开花。如果是在没有排水口的花盆中种植，需要在土中混入小石子，再在上面铺一层小石子，但水不要过量。

2. 作为一种观赏观叶植物，破铜钱能够提高空气湿度。适合在阳光好的阳台、窗边等地方栽培，夏天的时候要注意避免阳光直射。

3. 破铜钱主要用来观赏，它的小叶子也可食用。

4. 破铜钱是水生植物，可以用小石子、彩石等进行无土栽培，也可以放到鱼缸中栽培。

无土栽培

1. 清理干净土
在无土栽培之前，首先将秧苗从花盆中分离开来，并将它上面的土用水清洗干净。

2. 在盆底放入水凝胶
在花盆底部放入水凝胶（像果冻一样柔软，营养成分和水分含量丰富）。也可以用水凝球、彩石、小石子等代替。

3. 放入秧苗
在花盆中放入清洗干净的秧苗。

4. 填满花盆
用水凝胶将秧苗周边填满，给破铜钱的根部补充水分。

一串串捕食虫子的

翼状猪笼草

植物信息

学名	*Nepenthes alata*
分类	猪笼草科多年生、食虫植物
原产地	热带东南亚
别称	猪笼草
特征和功效	能够捕食苍蝇、蚊子等害虫的食虫植物。

栽培信息

难易度	●●●○○
繁殖	插枝、种子
浇水周期	土壤表层干涸前浇满水
培育适温	25～30℃，最低10℃
光照度	阳面、直射光
推荐空间	阳台、窗边、户外空间等，应避免夏季的阳光直射

　　食虫植物与一般植物不同，它们能够吞食昆虫、汲取养分。这种独特的食虫植物深受孩子们的喜欢，孩子们一定会非常乐意去抓苍蝇等虫子给它当作食物。但是，如果喂食方法不当，也会让植物受到伤害；就像是人类吃多了会积食一样，如果它们吃了很多昆虫，也会消化不良，最后渐渐枯萎。在众多食虫植物中，翼状猪笼草的叶子尾部挂着一个像葫芦瓶似的捕虫笼，这也是它的独特之处。一旦有虫子误入就很难再出去，而且会逐渐被笼中的消化液融化，最终成为翼状猪笼草的养分。捕虫笼上面类似于盖子的结构可防止雨水滴落其中。翼状猪笼草的捕虫笼里不允许积存水分，它里面的消化液会随着时间逐渐填满。

提示

1. 由于食虫植物生长在贫瘠的湿地中，酸性较强，最好在泥炭藓中种植。一般情况下需要保持潮湿的生长环境。其他的食虫植物可以利用底面灌水装置持续供给水分；但是翼状猪笼草需水性一般，所以长时间的底面灌水会对它的根造成损伤。因此，换盆时，需在泥炭藓中混入小石子，帮助排水，建议直接从上面浇水。如果想采用底面灌水，一定要注意底面灌水的周期，在一定时间内清除花盆地面的水。平时在叶子周围喷雾，保持空气的湿度。

2. 捕虫笼会长至花盆外面，最好选择悬挂式花盆栽培。

1. 确认翼状猪笼草的叶子末端

翼状猪笼草的叶子末端会长出一个类似葫芦瓶的捕虫笼，光照条件好的情况下，捕虫笼会越长越大。

2. 确认捕虫笼

叶子后面悬挂着的东西就是捕虫笼，笼子里面会分泌消化液，消化液会逐渐融化掉落至笼中的昆虫。

3. 确认枯萎的捕虫笼

翼状猪笼草的捕虫笼有一定的寿命，到了一定时期，它就会从末端开始渐渐枯萎。为了能够长出新的捕虫笼，我们需要及时将枯萎的捕鱼笼清理干净。

4. 底面灌水

栽培食虫植物的时候，可以利用底面灌水给植物供给水分。像翼状猪笼草这种植物，土壤充分吸收水分后要及时将底面的水清空，否则会造成过分潮湿的状态。

附录
简单、明了的
12 个月园艺日历

| · 播种 —— | · 采购秧苗、土壤 —— | · 开花时期（花）—— |
| · 收获 —— | · 球根种植、埋种子 —— | · 果实 —— |

植物名称	1月			2月			3月			4月			5月		
	上	中	下	上	中	下	上	中	下	上	中	下	上	中	下
芽苗菜&猫草															
番薯芽（无土栽培）															
菜秧															
大葱（土壤栽培基准）															
平菇（黑色）															
香葱															
小萝卜															
非洲紫罗兰															
仙客来															
玫瑰天竺葵															
小花天竺葵															
罗勒															
鼠尾草															
薄荷															
香蜂花															
牛至															
迷迭香															
薰衣草															
甜叶菊															
旱金莲															

从下面的表格中，可以简单、明了地识别本书中各种植物的种植方法。以下主要标记的是在阳台或室内适宜栽培的植物，如果是在阳台之外的其他空间，或是户外空间等，开花时期、播种时期等会有一些差异。此外，这些时期也是考虑了植物最适宜播种的时间，如果是其他时期购买的种子，需要再单独考虑。

6月			7月			8月			9月			10月			11月			12月		
上	中	下	上	中	下	上	中	下	上	中	下	上	中	下	上	中	下	上	中	下

简单、明了的 12 个月园艺日历（续）

植物名称	1月			2月			3月			4月			5月		
	上	中	下	上	中	下	上	中	下	上	中	下	上	中	下
菊花															
碰碰香															
蜂香脂															
马缨丹															
含羞草															
紫色酢浆草															
风帆酢浆草															
葡萄风信子															
风信子															
水仙花															
郁金香															
风铃草															
瓜叶菊															
破铜钱															
翼状猪笼草															
丽格秋海棠															
毛叶秋海棠															
紫金牛															
空气凤梨															
蟹爪兰															
圣诞伽蓝菜															
铁海棠															
马齿苋															
观叶植物															
多肉植物															

·播种 ——　·采购秧苗、土壤 ——　·开花时期（花）——
·收获 ——　·球根种植、埋种子 ——　·果实 ——

6月			7月			8月			9月			10月			11月			12月		
上	中	下	上	中	下	上	中	下	上	中	下	上	中	下	上	中	下	上	中	下

图书在版编目（CIP）数据

在一平方米空间内打造我的室内花园 /（韩）吴河娜著；
吴玉译. —北京：中国轻工业出版社，2021.12

ISBN 978-7-5184-3622-4

Ⅰ.①在… Ⅱ.①吴… ②吴… Ⅲ.①观赏园艺
Ⅳ.① S68

中国版本图书馆 CIP 数据核字（2021）第 163177 号

版权声明：

Original Title: 한 평 공간에 만드는 나만의 실내 정원

Copyright © 2017 OH HANA

All rights reserved.

Original Korean edition published by NEXUS Co., Ltd., Seoul, Korea

Simplified Chinese Translation Copyright © 2021 by China Light Industry Press Ltd.

This Simplified Chinese Language edition published by arranged with NEXUS Co., Ltd.

through Arui Shin Agency & Qiantaiyang Cultural Development (Beijing) Co., Ltd.

责任编辑：卢　晶　　责任终审：劳国强　　整体设计：锋尚设计
策划编辑：卢　晶　　责任校对：朱燕春　　责任监印：张京华

出版发行：中国轻工业出版社（北京东长安街6号，邮编：100740）

印　　刷：北京博海升彩色印刷有限公司

经　　销：各地新华书店

版　　次：2021年12月第1版第1次印刷

开　　本：720×1000　1/16　印张：15

字　　数：300千字

书　　号：ISBN 978-7-5184-3622-4　定价：68.00元

邮购电话：010-65241695

发行电话：010-85119835　传真：85113293

网　　址：http://www.chlip.com.cn

Email：club@chlip.com.cn

如发现图书残缺请与我社邮购联系调换

191199S6X101ZYW